See 系列光学仿真应用丛书

物理光学——Seelight 软件建模与仿真

姜宗福　孙　全　姜　曼　编著

科学出版社

北　京

内 容 简 介

　　本书将 Seelight 软件与物理光学基础理论知识相结合，建立物理光学原理仿真模型，通过数值模拟生动演示光的经典波动性质，如光的偏振性质、光在介质界面的传输、光的干涉性、光的衍射、夫琅禾费衍射与傅里叶光学、空间滤波与信息处理、波晶片与偏振状态转换、电光效应等原理与现象。通过运用物理光学基础知识进行 Seelight 仿真模型设计，将知识、能力、素质培养有机融合，培养读者的学习兴趣与创新意识，使学习过程具有探究性和个性化，提高解决光子学相关复杂问题的综合能力并提供思维方法。

　　本书可作为高等院校光学、光电信息科学与工程、光电子技术等专业本科生的教材与学习参考资料，也可作为光学工程等学科研究生和科技工作者的参考书。

图书在版编目(CIP)数据

物理光学：Seelight 软件建模与仿真 / 姜宗福，孙全，姜曼编著 . —北京：科学出版社，2020.3
　　(See 系列光学仿真应用丛书)
　　ISBN 978-7-03-064111-3

　　Ⅰ. ①物⋯　　Ⅱ. ①姜⋯　②孙⋯　③姜⋯　　Ⅲ. ①物理光学—应用软件
Ⅳ. ①O436-39

中国版本图书馆 CIP 数据核字(2019)第 295385 号

责任编辑：潘斯斯　刘　博　高慧元 / 责任校对：郭瑞芝
责任印制：张　伟 / 封面设计：迷底书装

科 学 出 版 社 出版
北京东黄城根北街 16 号
邮政编码：100717
http://www.sciencep.com

北京凌奇印刷有限责任公司印刷
科学出版社发行　各地新华书店经销
*
2020 年 3 月第 一 版　　开本：787×1092　1/16
2024 年 6 月第四次印刷　　印张：12
字数：278 000

定价：79.00 元
(如有印装质量问题，我社负责调换)

序　言

　　近年来，我国在光学工程领域取得了卓著的创新发展。为了更好地推动学科交叉融合和软件自主可控，国防科技大学高能激光技术研究所联合中国科学院软件研究所，历时九年，开发了具有自主知识产权的系统级光学仿真软件"Seelight"、光纤激光仿真软件"SeeFiberLaser"及其工具集，统称为 See 系列仿真软件，取义"所见即所得"。See 系列仿真软件以波动光学和激光物理为基础，结合计算机仿真学基本原理，涵盖了从激光的产生到光束的传输、变换与控制，再到光场的探测与操控等多个物理过程，可实现光学和激光系统设计的全方位模拟仿真，具有图形化的操作界面、丰富可扩展的模型库、定制化的设计案例、动态的交互管理和云计算服务等特点，为光学工程领域的科学研究提供了便捷的计算工具，已成功应用于我国光学工程领域的多项重大关键技术攻关。

　　由于光学和激光领域中数学物理基础偏难、实验系统复杂抽象，许多概念和知识点很难在课堂中讲授。结合 See 系列仿真软件，我们实现了众多复杂实验系统的直观图形化建模，将难以分解和复现的实验条件和高成本、高危险及长周期的实验过程，通过仿真的方法展现，使得用户可以脱离复杂烦琐的实验系统搭建，从而更加直观快捷地感受光学和激光实验中的各种物理现象，更加准确深刻地理解实验中所蕴含的物理概念。在推进软件科研应用的同时，我们将 See 系列仿真软件融入到本科、研究生及任职培训多个层次的光学工程系列课程教学中，开创了光学工程领域"科研应用引导仿真设计，仿真平台支撑课程体系"的特色学科建设模式，同时策划了"See 系列光学仿真应用丛书"。

　　See 系列软件是我国高能激光技术数十年发展的成果积累，在国内光学工程领域的科学研究和高校相关学科人才培养与教学中得到较为广泛的应用。为了提高 See 系列软件的应用水平，国防科技大学联合国内相关单位编撰了这套丛书。该丛书结合 See 系列软件的功能特色，分别从物理光学、应用光学、大气光学、自适应光学和光纤激光等学科应用领域，对专业领域中的物理概念和物理现象、复杂光学系统原理，以可视化的数值模型和仿真系统的形式展现出来。该丛书可以作为大专院校光学工程专业与相关专业学生学习光学相关理论、仿真和实验课程的教材及参考书，也可以作为光学工程和相关领域的科研工作者的辅助工具。

"See 系列光学仿真应用丛书"编委会

前　言

"物理光学"是光电信息科学与工程等专业人才培养的学科核心基础课程。它涉及的知识面非常宽广，理论深奥，是从物理本质上对光的产生与传输、光与物质相互作用进行分析、研究和阐释的学科。该课程内容丰富，而且和当代许多高科技相联系。本书应用Seelight 仿真软件，结合物理光学理论知识内容，建立起原理仿真模型，通过模拟演示物理图像，将知识学习、创新能力培养、科学素养训练有机融合，培养读者的学习兴趣，使学习过程具有探究性和个性化，提高解决复杂问题的综合能力并提供思维方法。同时将国际学术前沿发展和成果融入基础知识学习内容中，用现代观点来审视和处理基础知识素材，实现物理光学内容的创新，激发和引导读者对光科学产生广泛的学习兴趣。

Seelight 仿真软件由国防科技大学前沿交叉学科学院高能激光技术研究所联合中国科学院软件研究所开发，在光学领域的基础理论的学习过程中，可以进行广泛数值模拟仿真实验。开发该软件的初衷是针对高能激光技术在国防应用领域的需求，为了提高高能激光系统的研发效率，提高系统实验针对性，降低系统实验成本，以及探索各种新技术在高能激光系统上的应用效果，从而利用计算机技术融合基本光学领域的物理模型开发出高能激光仿真软件。Seelight 仿真软件是以波动光学基本原理和计算机仿真学基本原理为理论基础，涵盖了从光源产生到光束的传输、变换与控制再到光束的探测与分析的全方位的光学虚拟仿真平台。在多年从事光学教学的教师与软件开发工程师的合作下，通过适当的拓展，该软件开发了具有多种物理光学模型库，以"所见即所得"的方式、灵活的图形界面和方便的参数列表，生成可直接仿真运行的应用系统，将物理光学中的基础理论内容与虚拟仿真实验相结合，为读者提供了丰富的模拟算例，充分展现了物理光学理论的直观图像，通过数值实验加深对物理光学概念的理解。

本书是作者根据光信息科学与技术、光电工程、光学工程等工科专业学科的特点，在作者出版的《物理光学导论（第 2 版）》基础上，进行内容提炼精简。本书主要描述光的电磁波理论、光的干涉、光的衍射、光的偏振、光的时间空间相干性、傅里叶光学等基本概念，根据 Seelight 仿真软件，建立了相应的仿真计算模拟模型，充分展示了物理光学的丰富内容。读者可以在 www.seelight.net 网址的示例工程栏目中获得书中的仿真模型。初次接触 Seelight 仿真软件的读者可以先阅读本书附录部分。

光学与光子学技术为当今世界面临的各种挑战提供了广泛而又非凡的解决方法，由于其内容的丰富与快速的发展，而作者的水平有限，书中疏漏之处在所难免，敬请广大读者批评指正。

作　者

2019 年 6 月 9 日

目　　录

第1章 电磁场与光波

以电磁场理论为基础的光的波动理论,是光的干涉与衍射、成像与分辨率、光的相干性、全息与光信息处理等经典物理光学的基本概念和应用的基础。本章主要介绍以电磁场理论为基础的光的波特征和基本概念,主要包括线性介质中电磁场波动方程与电磁波、光波的电磁场特征、谐振平面波与球面波、电磁场能量密度与光强、光的偏振性质和光在介质中的传输特性等。

1.1 麦克斯韦方程与电磁波

在均匀各向同性的线性介质中,变化的电磁场满足麦克斯韦方程(SI 单位制):

$$\nabla \cdot \boldsymbol{D} = \rho, \quad \nabla \times \boldsymbol{E} + \frac{\partial \boldsymbol{B}}{\partial t} = 0$$
$$\nabla \cdot \boldsymbol{B} = 0, \quad \nabla \times \boldsymbol{H} = \frac{\partial \boldsymbol{D}}{\partial t} + \boldsymbol{j} \tag{1.1}$$

物质方程为

$$\boldsymbol{D} = \varepsilon_0 \boldsymbol{E} + \boldsymbol{P} = \varepsilon_0 \boldsymbol{E} + \chi \varepsilon_0 \boldsymbol{E} = \varepsilon_0 \varepsilon \boldsymbol{E}$$
$$\boldsymbol{B} = \mu_0 \mu \boldsymbol{H} \tag{1.2}$$
$$\boldsymbol{j} = \sigma \boldsymbol{E}$$

式中,$\nabla = \frac{\partial}{\partial x} \boldsymbol{i} + \frac{\partial}{\partial y} \boldsymbol{j} + \frac{\partial}{\partial z} \boldsymbol{k}$ 为哈密顿算符,$\boldsymbol{i}$、$\boldsymbol{j}$ 和 $\boldsymbol{k}$ 为直角坐标系 x、y、z 方向上的单位矢量。以上各式中的物理量意义如表 1.1 所示。

表 1.1 麦克斯韦方程中物理量名称与单位

物理量	物理量名称	单位
E	电场强度矢量	C/m^2
D	电位移矢量	V/m
H	磁场矢量(磁感应强度矢量)	A/m
B	磁矢量	T
ε_0	真空介电常数	$C^2/(Nm^2)$
$\varepsilon = 1 + \chi$	相对介电常数	
μ_0	真空磁导率	Tm/A
μ	相对磁导率	
j	电流密度	A/m^2
ρ	电荷密度	C/m^3
σ	电导率	$(\Omega m)^{-1}$
P	电偶极矩	
χ	极化率	

麦克斯韦微分方程给出了电场和磁场在每一空间位置的空间变化与相对应量的时间变化关系，变化的电场产生磁场，变化的磁场产生电场。

真空中，$\boldsymbol{D}=\varepsilon_0\boldsymbol{E}$、$\boldsymbol{B}=\mu_0\boldsymbol{H}$，$\varepsilon_0$ 和 μ_0 分别为真空介电常数和真空磁导率，其大小为

$$\varepsilon_0 = 8.854\times10^{-12}\mathrm{C}^2/(\mathrm{Nm}^2)$$
$$\mu_0 = 4\pi\times10^{-7}\mathrm{Tm}/\mathrm{A} \tag{1.3}$$
$$\varepsilon = 1, \quad \mu = 1$$

1.1.1　波动方程与电磁波

在没有自由电荷和传导电流的各向同性的线性介质中，相对介电常数 ε 和相对磁导率 μ 为常量，经过简单矢量微分运算，从麦克斯韦方程组得到电场和磁场的波动方程：

$$\nabla^2\boldsymbol{E}=\varepsilon\varepsilon_0\mu\mu_0\frac{\partial^2\boldsymbol{E}}{\partial t^2}$$
$$\nabla^2\boldsymbol{H}=\varepsilon\varepsilon_0\mu\mu_0\frac{\partial^2\boldsymbol{H}}{\partial t^2} \tag{1.4}$$

式中，∇^2 为拉普拉斯 (Laplacian) 算符，在直角坐标系、球坐标系和柱坐标系下表示为

$$\begin{aligned}
\nabla^2 &= \frac{\partial^2}{\partial x^2}+\frac{\partial^2}{\partial y^2}+\frac{\partial^2}{\partial z^2}\\
&= \frac{1}{r^2}\frac{\partial}{\partial r}\left(r^2\frac{\partial}{\partial r}\right)+\frac{1}{r^2\sin\theta}\frac{\partial}{\partial\theta}\left(\sin\theta\frac{\partial}{\partial\theta}\right)+\frac{1}{r^2\sin^2\theta}\frac{\partial^2}{\partial\varphi^2}\\
&= \frac{1}{r}\frac{\partial}{\partial r}\left(r\frac{\partial}{\partial r}\right)+\frac{1}{r^2}\frac{\partial^2}{\partial\theta^2}+\frac{\partial^2}{\partial z^2}
\end{aligned}$$

式 (1.4) 中电场 $\boldsymbol{E}$ 和磁场 $\boldsymbol{H}$ 是方程，它们的每一分量满足相同的波动方程形式，用 U 表示电磁场的每一分量，其标量波动方程为

$$\nabla^2 U-\varepsilon\varepsilon_0\mu\mu_0\frac{\partial^2 U}{\partial t^2}=0 \tag{1.5}$$

均匀各向同性的线性介质中的电磁场满足线性叠加原理，即两个电场在空间相交，该点的场是这两个场之和。若两电场是波动方程的解：

$$\nabla^2\boldsymbol{E}_1=\varepsilon\varepsilon_0\mu\mu_0\frac{\partial^2\boldsymbol{E}_1}{\partial t^2}, \quad \nabla^2\boldsymbol{E}_2=\varepsilon\varepsilon_0\mu\mu_0\frac{\partial^2\boldsymbol{E}_2}{\partial t^2}$$

则它们之和也是波动方程的解：

$$\nabla^2(\boldsymbol{E}_1+\boldsymbol{E}_2)=\varepsilon\varepsilon_0\mu\mu_0\frac{\partial^2(\boldsymbol{E}_1+\boldsymbol{E}_2)}{\partial t^2}$$

1.1.2　光波传输速度与介质折射率

描述均匀介质中电磁场时空变化的波动方程式 (1.5)，描述的是电磁波的运动方程，其电磁波传输速度 v 为

$$v = \frac{1}{\sqrt{\varepsilon \varepsilon_0 \mu \mu_0}} \tag{1.6}$$

在真空中的相对介电常数(简称介电常数)和相对磁导率常数(简称磁导率常数)均为1，将真空介电常数和真空磁导率代入 v 中，得到电磁波在真空中的传输速度 c：

$$c = \frac{1}{\sqrt{\varepsilon_0 \mu_0}} \approx 2.99792458 \times 10^8 \, \text{m}/\text{s} \tag{1.7}$$

该值与 Fizeau 在 1849 年测量的光速($3.153 \times 10^8 \, \text{m}/\text{s}$)非常接近。麦克斯韦利用这一结果，预言电磁波的存在，同时提出了光是电磁波的猜想。赫兹从实验上证实了这一结论，同时实验也证明光就是电磁波，从而创立了光的电磁场理论。以后，我们采用 c 来表示真空中光波的传输速度。

在均匀介质中光波的传输速度 v 为

$$v = \frac{c}{n} \tag{1.8}$$

式中，$n = \sqrt{\varepsilon \mu}$ 定义为介质中绝对折射率。对于一般光学材料，磁导率 $\mu \approx 1$(在以后的讨论中，我们都采用该近似，除了特别说明外)，折射率 $n = \sqrt{\varepsilon}$，即 n 与介质的介电常数的平方根成正比。一般情况下，介电常数与光的颜色，即光的频率有关。对于某些物质，如结构简单的气体，介电常数可近似为常数，折射率 $n = \sqrt{\varepsilon}$ 是很好的近似，如空气对黄光的折射率 $n = 1.00029$，$\sqrt{\varepsilon} = 1.000295$。一些固体和液体的折射率与 $\sqrt{\varepsilon}$ 的偏差较大，如水对黄光的折射率 $n = 1.333$，而 $\sqrt{\varepsilon} = 9.0$。

1.2　简谐波与辐射强度

1.2.1　平面波、波矢、波长与频率

在自由空间中，电磁场波动方程(1.4)的最简单解是平面波解，即电磁场的矢量平面波函数形式为

$$\boldsymbol{E} = \boldsymbol{E}_0 \cos(\boldsymbol{k} \cdot \boldsymbol{r} - \omega t), \quad \boldsymbol{H} = \boldsymbol{H}_0 \cos(\boldsymbol{k} \cdot \boldsymbol{r} - \omega t) \tag{1.9}$$

式中，$\boldsymbol{E}_0$ 和 $\boldsymbol{H}_0$ 为常矢量；$\boldsymbol{r}$ 为空间某一点的位置矢量，物理量 $\boldsymbol{k} \cdot \boldsymbol{r} - \omega t$ 表示平面波的相位，$\boldsymbol{k} \cdot \boldsymbol{r}$ 和 ωt 分别表示空间相位和时间相位；$\boldsymbol{k}$ 为波的传输方向矢量，称为波矢量，其大小称为波数，$k = |\boldsymbol{k}| = \sqrt{k_x^2 + k_y^2 + k_z^2} = \dfrac{2\pi}{\lambda}$，$\lambda$ 为波的空间周期(即波长)；ω 是时间角频率，与频率 f 的关系为 $\omega = 2\pi f$。其中，波速、频率与波数 k 满足

$$k = \frac{\omega}{v} = \frac{n\omega}{c} \tag{1.10}$$

因此波长为

$$\lambda = \frac{2\pi}{k} = \frac{2\pi c}{n\omega} = \frac{c}{nf} = \frac{\lambda_0}{n}, \quad \lambda_0 = \frac{c}{f} \tag{1.11}$$

式中，λ_0 为真空中电磁波的波长。电磁波的传输速度与波长和频率满足

$$v = \lambda f \tag{1.12}$$

1.2.2 电磁波的横波性

将平面波代入麦克斯韦方程组，可以证明电场矢量、磁场矢量和波矢量的方向相互正交，三者构成右手正交关系，表明电磁波具有横波性，即光波是横波，电场和磁场矢量处在传输方向的垂直平面上，如图 1.1 所示。电场和磁场的大小满足

$$E_0 = \frac{c}{\sqrt{\varepsilon}} B_0 \quad \text{或} \quad E_0 = \sqrt{\frac{\mu_0}{\varepsilon_0}} \frac{1}{\sqrt{\varepsilon}} H_0 \tag{1.13}$$

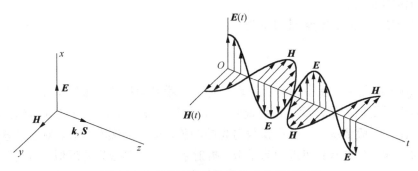

图 1.1 电磁场矢量与波矢构成右手正交系

1.2.3 电磁场的能量密度、能流密度与辐射强度

在电磁波存在的空间内，单位体积内的辐射能量为电磁场能量密度。电磁波的能量密度为电场能量密度与磁场能量密度之和：

$$w = w_E + w_B = \frac{\varepsilon_0}{2} E^2 + \frac{\mu_0}{2} H^2 \tag{1.14}$$

在真空中 $E = \sqrt{\dfrac{\mu_0}{\varepsilon_0}} H$ ，有 $w_E = w_H$ ，式(1.14)可表示为

$$w = \varepsilon_0 E^2 = \mu_0 H^2 \tag{1.15}$$

单位时间、单位面积流过的电磁场能量称为能流密度 S，能流密度的传播方向与电磁场传播方向(波矢方向)相同，能流密度为坡印亭矢量(Poynting vector)：

$$\boldsymbol{S} = \boldsymbol{E} \times \boldsymbol{H} \quad \text{或} \quad \boldsymbol{S} = c^2 \varepsilon_0 \boldsymbol{E} \times \boldsymbol{B} \tag{1.16}$$

利用 $E=cB$，坡印亭矢量还可表示为

$$\boldsymbol{S} = c \varepsilon_0 E^2 \boldsymbol{k} = c w \boldsymbol{k} \tag{1.17}$$

式中，$\boldsymbol{k}$ 为波矢量的单位矢量。式(1.17)表明能流密度的大小为光波的传播速度乘以能量密度，传播方向沿波矢方向。平面波的能流密度为

$$\boldsymbol{S} = \boldsymbol{E} \times \boldsymbol{H} = \boldsymbol{E}_0 \times \boldsymbol{H}_0 \cos^2(\boldsymbol{k} \cdot \boldsymbol{r} - \omega t) \tag{1.18}$$

辐射强度:物理测量中,人们获得的是电磁场辐射能量在一定时间内的积累,这个时间相对光波的振动周期可以认为是非常长的(光波的频率范围为 $10^{14} \sim 10^{15}$ Hz)。实际应用中,单位面积内的辐射强度 I 定义为坡印亭矢量在一定时间(这一时间包含足够多的光波振动周期) τ 内的平均值:

$$I = \langle S \rangle_\tau \tag{1.19}$$

对于平面波情形,将式(1.16)代入式(1.19)得

$$I = \langle |S| \rangle_\tau = c\varepsilon_0 E_0^2 = cw \langle \cos^2(\boldsymbol{k} \cdot \boldsymbol{r} - \omega t) \rangle_\tau = \frac{c\varepsilon_0}{2} E_0^2 \tag{1.20}$$

式(1.20)为真空中辐射强度,它与电场强度的平方成正比,与光波的传播速度成正比。

在各向同性均匀线性的介质空间,辐射强度为

$$I = \frac{\varepsilon \varepsilon_0 v}{2} E_0^2 \tag{1.21}$$

式(1.21)描述的是光波的辐射强度(即光强)。一般情况下,在光学中所涉及的介质的相对磁导率满足 $\mu \approx 1$,这时辐射强度表示为

$$I = \frac{1}{2} \sqrt{\frac{\varepsilon_0}{\mu_0}} \sqrt{\varepsilon} E_0^2 = \frac{1}{2} \sqrt{\frac{\varepsilon_0}{\mu_0}} n E_0^2 \tag{1.22}$$

在只关注相对光强的情况下,光强可以简单表述为

$$I = n E_0^2 \tag{1.23}$$

1.3 简谐光波的偏振性

1.3.1 线偏振光

电磁波的横波性决定了光波的电磁场矢量垂直传播方向。人们用光波的电场方向特征描述光波的偏振状态,如果其电场矢量在固定的方向上变化,称为线偏振光。图 1.2 所描述的光波为 x 方向的线偏振光,光束的波函数为

$$\boldsymbol{E} = \hat{i} E_0 \exp[\mathrm{i}(kz - \omega t)], \quad \boldsymbol{H} = \hat{j} H_0 \exp[\mathrm{i}(kz - \omega t)]$$

上式描述的线偏振光的偏振面在 x-z 平面内。更一般的情形是线偏振光的偏振面与 x-z 平面或 y-z 平面有一定的倾角,如图 1.3(a)所示,图 1.3(b)显示了在 x-y 平面上电场矢量的方向分布,电场矢量分解为 x 方向和 y 方向两个线偏振光的叠加。电场矢量分解可表示为

$$\boldsymbol{E} = \boldsymbol{E}_0 \exp[\mathrm{i}(kz - \omega t)] = (\hat{i} E_{0x} + \hat{j} E_{0y}) \exp[\mathrm{i}(kz - \omega t)] \tag{1.24}$$

式(1.24)表示沿 z 轴方向传播、偏振面与 x-z 平面存在任意倾角时的线偏振光,该线偏振光可以表示为电矢量分别为 x 方向和 y 方向上的两个线偏振光的叠加。

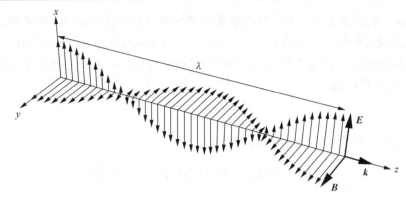

图 1.2　沿 z 轴方向传播、电场矢量在 x 轴振荡变化的线偏振光

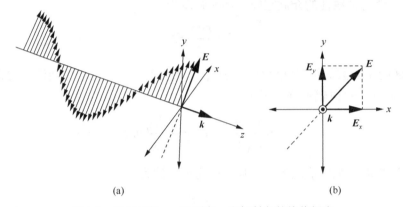

(a)　　　　　　　　　　　　　　　(b)

图 1.3　偏振面与 x-z 平面有一定倾斜角的线偏振光

1.3.2　圆偏振光

在某种因素的作用下，使图 1.3 所示的线偏振光的 x 方向分量与 y 方向分量产生相位差，形成圆偏振光或椭圆偏振光。这种情形非常普遍，如偏振光在双折射晶体中传播时，互相垂直的偏振光会产生附加相位差。假设 y 方向偏振光相对 x 方向偏振光产生了 $\Delta\varphi$ 的相位差，偏振光式 (1.24) 可以表示为

$$E = iE_{0x}\exp[i(kz-\omega t)] + jE_{0y}\exp[i(kz-\omega t+\Delta\varphi)] \tag{1.25}$$

假设 $\Delta\varphi = \pi/2$，$E_{0x} = E_{0y} = E_0$，为了讨论方便，将式 (1.25) 写回实数表示（因为实际物理量为实数量），式 (1.25) 转化为

$$E = iE_0\cos(kz-\omega t) + jE_0\cos(kz-\omega t+\pi/2) \tag{1.26}$$

式 (1.26) 绝对值为常量 E_0，表明当光波传播时（即空间位置和时间变化时）电矢量的大小不变，只是其方向发生旋转，电矢量这种变化形式的光波称为圆偏振光，图 1.4 显示了 y 方向偏振光相对 x 方向偏振光相位差 $\Delta\varphi = \pi/2$ 时，偏振光电矢量在 z = 0 平面上投影的变化情形。电矢量时间的变化绕传播方向旋转变化，当迎着传播方向看时，电矢量为逆时针旋转，称为左旋圆偏振光。当 y 方向偏振光相对 x 方向偏振光相位差 $\Delta\varphi = -\pi/2$ 时，这时产生右旋圆偏振光。

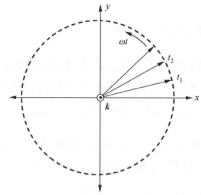

图 1.4　左旋圆偏振光电矢量在 $z=0$ 平面上投影的变化

1.3.3　椭圆偏振光

当 $E_{0x} \neq E_{0y}$ 且 $\Delta\varphi = \pm\pi/2$ 时，式 (1.26) 描述的是椭圆偏振光，左旋和右旋椭圆偏振光的定义与表现形式与圆偏振光相同，如图 1.5(a) 所示。图 1.5(a) 给出了 $E_{0x} \neq E_{0y}$ 时，$\Delta\varphi$ 取不同相位差值，椭圆偏振光电矢量时间变化规律：当 $0 < \Delta\varphi < \pi$ 时为左旋椭圆偏振光，当 $0 > \Delta\varphi > -\pi$ 时为右旋椭圆偏振光。图 1.5(b) 中给出了当 $E_{0x} = E_{0y}$、$\Delta\varphi$ 取不同值时，线偏振光、椭圆偏振光与圆偏振光间的转换过程。

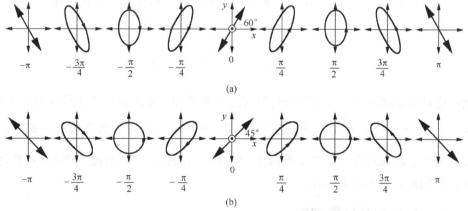

图 1.5　E_{0x}、E_{0y} 和 $\Delta\varphi$ 取不同值时光波偏振状态的变化

1.3.4　自然光

由大量的不同取向、彼此无关的线偏振光的集合称为自然光，如图 1.6(a) 所示。若这些线偏振光的集合在某一方向有较强的线偏振光，如图 1.6(b) 所示，这时称为部分偏振光。

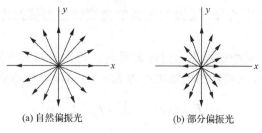

(a) 自然偏振光　　　　　　　　(b) 部分偏振光

图 1.6　自然偏振光与部分偏振光

1.3.5　偏振光的椭圆方程描述

光的偏振状态可以用椭圆方程描述。设光波波矢 k 沿 z 轴方向传播，由于 $E \cdot k = B \cdot k = 0$，电磁场只有 x 和 y 方向分量，平面波电矢量在 x 和 y 轴的分量可写为

$$E_x = a_1 \cos(\phi + \varphi_1), \quad E_y = a_2 \cos(\phi + \varphi_2)$$

式中，ϕ 表示相位因子，$\phi = k \cdot r - \omega t$；$\varphi_1$ 和 φ_2 为初相位。定义 $\varphi = \varphi_2 - \varphi_1$，经过简单的运算，消除与 ϕ 有关的因子，可得 E_x 和 E_y 满足如下方程：

$$\left(\frac{E_x}{a_1}\right)^2 + \left(\frac{E_y}{a_2}\right)^2 - 2\frac{E_x E_y}{a_1 a_2}\cos\varphi = \sin^2\varphi \tag{1.27}$$

式 (1.27) 为椭圆方程。由于

$$\begin{vmatrix} \dfrac{1}{a_1^2} & -\dfrac{\cos\varphi}{a_1 a_2} \\ -\dfrac{\cos\varphi}{a_1 a_2} & \dfrac{1}{a_1^2} \end{vmatrix} = \frac{\sin^2\varphi}{a_1^2 a_1^2} \geqslant 0$$

所以对不同的 φ 值，即电场矢量在 x、y 轴上分量的不同相位差，上式描述了光的不同偏振态。例如，当 $\varphi = \varphi_2 - \varphi_1 = m\pi \, (m = 0, \pm1, \pm2, \cdots)$ 时，椭圆方程退化为

$$\frac{E_y}{E_x} = (-1)^m \frac{a_2}{a_1}$$

此时电场矢量的端点在空间的变化轨迹是一条直线，即上式描述了线偏振光的特征。当 $a_1 = a_2$，$\varphi = \varphi_2 - \varphi_1 = m\dfrac{\pi}{2}(m = \pm1, \pm3, \pm5, \cdots)$ 时，椭圆方程退化为圆方程 $E_x^2 + E_y^2 = a^2$，表示电场矢量端点的轨迹在半径为 a 的圆上，此时光的偏振态为圆偏振。椭圆方程描述了线偏振光、圆偏振光和椭圆偏振光。

1.3.6　线偏振器与马吕斯定律

线偏振器(linear polarizer)：(又称为起偏器)是一种对偏振光具有选择性透明的器件，只有与它的透光轴(偏振轴)平行的偏振光才能通过，如图 1.7 所示。自然光垂直入射到起偏器面上，由于起偏器的作用透射光转化为偏振方向平行偏振轴的线偏振光。一个理想的起偏器，偏振方向平行透光轴的线偏振光透过率为 100%，而偏振方向垂直透光轴的线偏振光透过率为零。通过起偏器的光波转化为偏振方向平行透光轴的线偏振光。

马吕斯定律：当一束线偏振光通过起偏器时，若光的偏振方向(即电场方向)与透光轴方向的夹角为 ϕ，平行透光轴的电场大小为 $E_{\parallel} = E_0 \cos\phi$，则透射线偏振光的光强为

$$I_p = (E_0 \cos\phi)^2 \quad \text{或} \quad I_p = I_0 \cos^2\phi \tag{1.28}$$

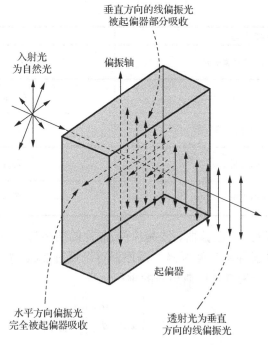

图 1.7　起偏器将入射光转化为线偏振光

式(1.28)即为马吕斯定律。式中，$I_0 = E_0^2$ 为入射光光强；E_0 为入射光的振幅。根据马吕斯定律，起偏器旋转一周，透射最大光强值 I_M 和最小光强值 I_m 发生交替变化，当入射光为线偏振光时，最小光强值为零。当入射光为自然光时，透射强度不发生改变。人们通过定义偏振度：

$$p = \frac{I_M - I_m}{I_M + I_m} \tag{1.29}$$

来描述光的偏振态特征。

1.3.7　偏振光与起偏器的琼斯矩阵

光波偏振状态的琼斯矢量表示：椭圆偏振光具有相同频率和波矢量相互垂直的两个线偏振平面光波的叠加，这一特点可以将椭圆偏振光复矢量表示为琼斯矩阵形式：

$$\begin{cases} \boldsymbol{E} = \boldsymbol{i}E_{0x}\exp[\mathrm{i}(kz - \omega t)] + \boldsymbol{j}E_{0y}\exp[\mathrm{i}(kz - \omega t + \Delta\varphi)] = \boldsymbol{E}_0\exp[\mathrm{i}(kz - \omega t)] \\ \boldsymbol{E}_0 = \begin{bmatrix} J_x \\ J_y \end{bmatrix} = \begin{bmatrix} E_{0x} \\ E_{0y}\exp(\mathrm{i}\Delta\varphi) \end{bmatrix} \end{cases} \tag{1.30}$$

表 1.2 给出了偏振光的琼斯矩阵表示。

表 1.2　光的偏振状态的琼斯矩阵

光的偏振状态	琼斯矩阵
水平线偏振光	$\boldsymbol{E}_{0\mathrm{HLP}} = \begin{bmatrix} 1 \\ 0 \end{bmatrix}$
垂直线偏振光	$\boldsymbol{E}_{0\mathrm{VLP}} = \begin{bmatrix} 0 \\ 1 \end{bmatrix}$

光的偏振状态	琼斯矩阵
与水平方向 45° 角线偏振光	$E_{0\text{L+45}°} = \dfrac{1}{\sqrt{2}}\begin{bmatrix} 1 \\ 1 \end{bmatrix}$
与水平方向 −45° 角线偏振光	$E_{0\text{L−45}°} = \dfrac{1}{\sqrt{2}}\begin{bmatrix} 1 \\ -1 \end{bmatrix}$
与水平方向任一 θ 角线偏振光	$E_{0\text{L}\theta} = \begin{bmatrix} \cos\theta \\ \sin\theta \end{bmatrix}$
右旋圆偏振光	$E_{0\text{RCP}} = \dfrac{1}{\sqrt{2}}\begin{bmatrix} 1 \\ -i \end{bmatrix}$
左旋圆偏振光	$E_{0\text{LCP}} = \dfrac{1}{\sqrt{2}}\begin{bmatrix} 1 \\ i \end{bmatrix}$

偏振器的琼斯矩阵表示：起偏器、波晶片（波晶片的结构与性质参考第 5 章）等起到改变光波偏振状态作用的器件称为偏振器，偏振器可以通过 2×2 的琼斯矩阵 J 表示，它对偏振光的作用表示为琼斯矢量与琼斯矩阵的乘积：

$$E_{\text{out}} = JE_{\text{in}} = \begin{bmatrix} a_{11} & a_{12} \\ a_{21} & a_{22} \end{bmatrix}\begin{bmatrix} E_{\text{in}x} \\ E_{\text{in}y} \end{bmatrix} \tag{1.31}$$

当系统由 N 个偏振器组成时，系统对偏振光的作用矩阵为 N 个偏振器琼斯矩阵的乘积：

$$E_{\text{out}} = J_{\text{sys}}E_{\text{in}} = J_N\cdots J_1 E_{\text{in}} \tag{1.32}$$

典型的偏振器的琼斯矩阵如表 1.3 所示。

表 1.3　典型的偏振器的琼斯矩阵

偏振器	琼斯矩阵
透振方向水平线偏振器	$J_{\text{HP}} = \begin{bmatrix} 1 & 0 \\ 0 & 0 \end{bmatrix}$
透振方向垂直线偏振器	$J_{\text{VP}} = \begin{bmatrix} 0 & 0 \\ 0 & 1 \end{bmatrix}$
透振方向与水平方向 45° 角线偏振器	$J_{45°\text{P}} = \dfrac{1}{2}\begin{bmatrix} 1 & 1 \\ 1 & 1 \end{bmatrix}$
透振方向与水平方向 −45° 角线偏振器	$J_{-45°\text{P}} = \dfrac{1}{2}\begin{bmatrix} 1 & -1 \\ -1 & 1 \end{bmatrix}$
$\lambda/4$ 波晶片快轴沿水平方向	$J_{\text{RQH}} = \begin{bmatrix} 1 & 0 \\ 0 & -i \end{bmatrix}$
$\lambda/4$ 波晶片快轴沿垂直方向	$J_{\text{RQV}} = \begin{bmatrix} 1 & 0 \\ 0 & i \end{bmatrix}$
右旋圆偏振光发生器	$J_{\text{RCP}} = \dfrac{1}{2}\begin{bmatrix} 1 & 1 \\ i & i \end{bmatrix}$
左旋圆偏振光发生器	$J_{\text{LCP}} = \dfrac{1}{2}\begin{bmatrix} 1 & 1 \\ -i & -i \end{bmatrix}$

1.3.8　光的偏振态的 Seelight 模拟

通过 Seelight 软件，建立线偏振光生成模块（1C1 线偏振光），如图 1.8(a) 所示，光波通过线偏振器，输出光为偏振光，当线偏振片起偏方向水平或垂直时，输出光的电场方向为水平或垂直，如图 1.8(b)、(c)所示，图中短直线表示偏振状态。

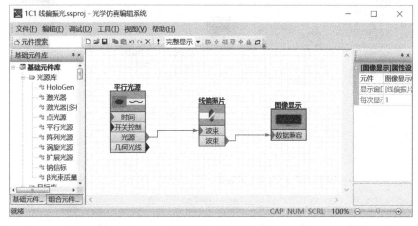

(a)线偏振光生成模块

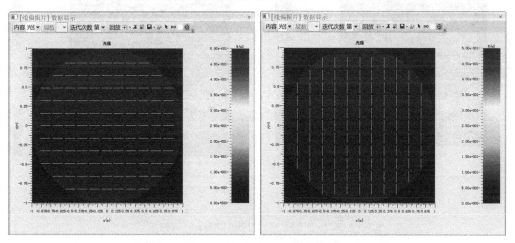

(b)输出水平线偏振光   (c)输出垂直线偏振光

图 1.8　模拟偏振器产生线偏振光

线偏振光通过 $\lambda/4$ 波晶片产生圆偏振光或椭圆偏振光模拟模块(1C2)，如图 1.9(a)所示，模块包含平行光源、线偏振片(起偏器)和图像显示等 Seelight 基础元件。相互垂直的线偏振光通过 $\lambda/4$ 波晶片使两线偏振光产生 $\pi/2$ 相位差。当线偏振光与波晶片主轴夹角为 $45°$ 时，偏振光相对主轴分解为振幅相等的两个垂直的线偏振光(图 1.9(b))，当通过 $\lambda/4$ 波晶片时，两线偏振光产生 $\pi/2$ 相位差，转换为圆偏振光(图 1.9(c))，其他角度时为椭圆偏振光(图 1.9(d))，图中"×"表示顺时针旋转的圆偏振光或椭圆偏振光。

将线偏振器与 $\lambda/4$ 波晶片联合在一起，当透振方向与波晶片光轴方向夹角为 $45°$ 时，形成圆偏振器，如图 1.10(a)所示。数学描述如下式：

$$J_{\mathrm{R}} = J_{45°\mathrm{P}} \cdot J_{\mathrm{RQV}} = \begin{bmatrix} 1 & 0 \\ 0 & i \end{bmatrix} \cdot \frac{1}{2}\begin{bmatrix} 1 & 1 \\ 1 & 1 \end{bmatrix} = \frac{1}{2}\begin{bmatrix} 1 & 1 \\ i & i \end{bmatrix}$$

$$\boldsymbol{E}_{\mathrm{out}} = J_{\mathrm{R}}\boldsymbol{E}_{\mathrm{in}} = \frac{1}{2}\begin{bmatrix} 1 & 1 \\ i & i \end{bmatrix}\begin{bmatrix} 1 \\ 0 \end{bmatrix} = \frac{1}{2}\begin{bmatrix} 1 \\ i \end{bmatrix}$$

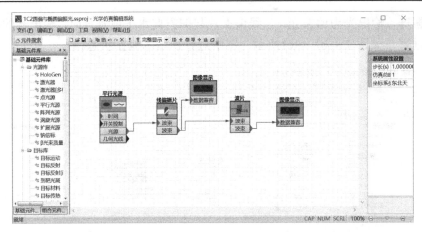

(a) 线偏振光通过 1/4 波晶片转换为圆偏振光或椭圆偏振光计算模块

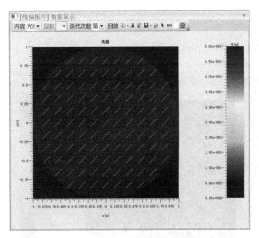

(b) 线偏振光

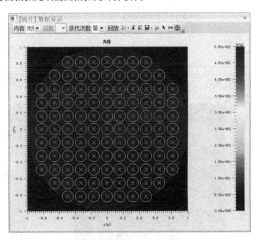

(c) 圆偏振光

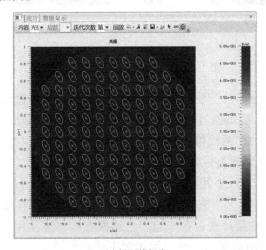

(d) 椭圆偏振光

图 1.9　线偏振光通过 1/4 波晶片偏振状态变化的仿真模块与结果

　　自然光通过线偏振器琼斯矩阵输出线偏振光，如图 1.10(b) 所示，该线偏振光通过圆偏振器琼斯矩阵时生成圆偏振光，如图 1.10(c) 所示，图中 "·" 表示逆时针旋转圆偏振光。

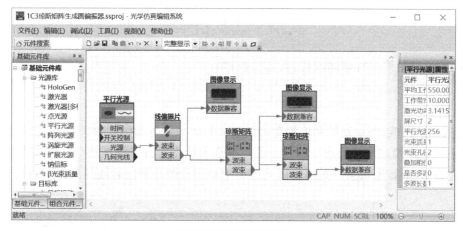

(a) 生成圆偏振器仿真模块

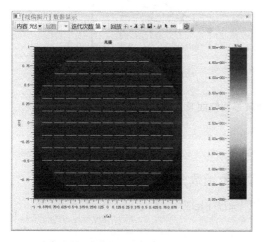

(b) 自然光经线偏振器琼斯矩阵生成线偏振光

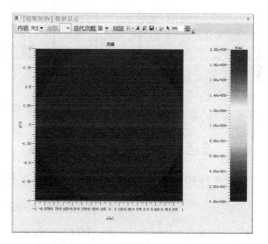

(c) 线偏振光经圆偏振器琼斯矩阵生成圆偏振光

图 1.10　线偏振器琼斯矩阵与 $\lambda/4$ 波晶片的琼斯矩阵乘积生成圆偏振器仿真模块与结果

1.4　简谐光波的标量描述

在许多光学原理的讨论中，电磁场的方向 (和偏振性) 不是关注重点，或假设偏振方向一致，在这种情形下，为方便往往采用标量方式进行讨论。

1.4.1　标量平面波和球面波

(1) 平面波。标量波动方程平面波：

$$U(\boldsymbol{r},t) = A\cos(\boldsymbol{k} \cdot \boldsymbol{r} - \omega t + \phi_0) \tag{1.33}$$

式中，A 是平面波的振幅；ϕ_0 是初相位；其他量与式 (1.9) 具有相同的物理意义。波函数 (1.33) 代表以速度 v 传播的波，平面波的波矢量与波前面垂直，几何光学中定义的光线是由波矢量连成的曲线，如图 1.11(a) 所示。

(2) 球面波。在球对称空间，电磁场波动方程可化为球坐标系下的波动方程：

$$\frac{\partial^2}{\partial r^2}(rU) - \frac{1}{v^2}\frac{\partial^2}{\partial t^2}(rU) = 0 \tag{1.34}$$

式 (1.34) 的一个最简单解球面波 (简谐球面波) 为

$$U(\boldsymbol{r},t) = \frac{a}{r}\cos(\mp kr - \omega t + \phi_0) \tag{1.35}$$

式中，正、负号分别表示发散和汇聚球面波，余弦函数中各参数的物理意义与平面波的相同，它表示了发散或汇聚的点光源波函数。球面波的主要特点是振幅与传输距离成反比，等相位面 $kr = \text{const}$ 为球面，光线为以光源为中心的发散和汇聚直线，如图 1.11 (b) 所示。

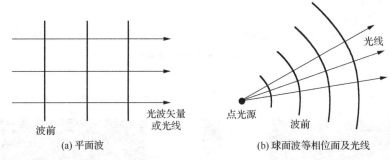

图 1.11　平面波与球面波等相位面及光线

1.4.2　波函数的复数表示与复振幅

为了理论分析和运算方便，标量波函数用复指数函数表示：

$$\begin{cases} \tilde{U}(\boldsymbol{r},t) = a(\boldsymbol{r})\mathrm{e}^{\mathrm{i}[S(\boldsymbol{r})-\omega t]} = \tilde{U}(\boldsymbol{r})\mathrm{e}^{(-\mathrm{i}\omega t)} \\ \tilde{U}(\boldsymbol{r}) = a(\boldsymbol{r})\mathrm{e}^{\mathrm{i}S(\boldsymbol{r})} \end{cases} \tag{1.36}$$

则 U 是 $\tilde{U}(\boldsymbol{r},t)$ 的实部，即 $U(\boldsymbol{r},t) = \mathrm{Re}\{\tilde{U}(\boldsymbol{r},t)\}$。式 (1.36) 中第二个表达式称为复振幅，值得注意的是，由式 (1.36) 定义的复指数函数所表示的波函数，沿坐标轴正方向传播时，相位增加，这与实际中波在往前传播中相位是落后的定义相反。

在波场中 $S(\boldsymbol{r})$ 为相位，$S(\boldsymbol{r})=\text{const}$ 时存在一系列等相位面或波面，最初人们将在最前面的波面称波前。在现代光学中，人们称测量平面 (xy) 上的光场 $\tilde{U}$ 的相位为波前，此时波前函数不一定是等相位，它是一个广义的波前概念。

平面波的复数表示为

$$\tilde{U}(\boldsymbol{r},t) = A\mathrm{e}^{\mathrm{i}(\boldsymbol{k}\cdot\boldsymbol{r}-\omega t+\phi_0)} \tag{1.37}$$

其复振幅为

$$\tilde{U}(\boldsymbol{r}) = A\mathrm{e}^{\mathrm{i}\boldsymbol{k}\cdot\boldsymbol{r}} = A\mathrm{e}^{\mathrm{i}(k_x x + k_y y + k_z z)} = A\mathrm{e}^{\mathrm{i}k(\cos\alpha x + \cos\beta y + \cos\gamma z)}$$

式中，α、β、γ 是波矢 $\boldsymbol{k}$ 的方向余弦。由式 (1.37) 可知，平面波的相位函数为 $S(\boldsymbol{r}) = \boldsymbol{k}\cdot\boldsymbol{r}$，是场点位置的线性函数。

点源在 $Q(x_0, y_0, z_0)$ 处的球面波的复数表示为

$$\tilde{U}(\boldsymbol{r},t) = A\mathrm{e}^{\mathrm{i}(kr-\omega t+\phi_0)} \tag{1.38}$$

其复振幅为

$$\tilde{U}(p) = \frac{a}{r}e^{ikr} = \frac{a}{\sqrt{x^2 + y^2 + z^2}}e^{ik\sqrt{x^2+y^2+z^2}} \tag{1.39}$$

式中，$r = \sqrt{(x-x_0)^2 + (y-y_0)^2 + (z-z_0)^2}$，表示发射球面波。球面波波前如图 1.11(b) 所示。

通过 Seelight 软件可以模拟任意波前形态在 xy 平面上的投影。图 1.12 通过等高线展现了不同泽尼克系数产生的波前在 xy 平面上的投影。图 1.12(a) 为计算模块，水平传输的平面波通过泽尼克面形生成器，产生不同的波前，如图 1.12(b)～(e) 所示。

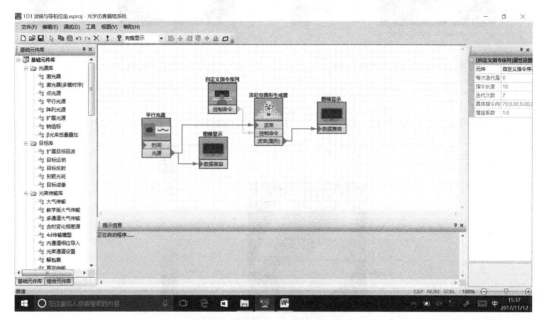

(a)任意波前形态计算模块

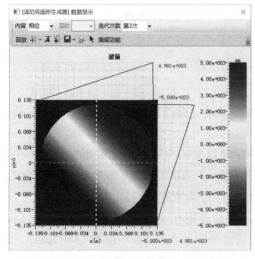

(b)xy 方向倾斜的平面波相位分布

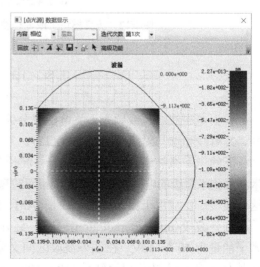

(c)球面波相位分布

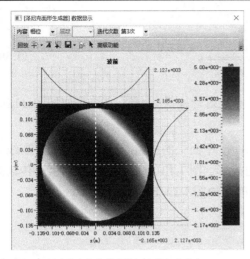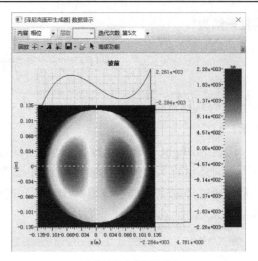

(d) 离焦与像散像差组合的相位分布　　　　　　　(e) 彗差产生的相位分布

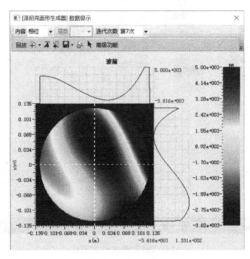

(f) 上 4 类像差的组合产生的相位

图 1.12　仿真模块生成多种波前生在 xy 平面上的等高线图示

1.5　电　磁　波　谱

根据电磁波波长或频率，将电磁波分为无线电波区、微波区、红外区、可见区、紫外区、X 射线和伽马射线等区域(图 1.13)。

无线电和微波谱区(radio waves)：波长在米量级以上的电磁波为无线电波，波长在毫米量级到米量级的电磁波为微波区，相应的频率范围为 $0\sim10^{10}$Hz, 光子能量为 $0\sim10^{-3}$eV。这一波段广泛应用于微波通信、广播(AM、FM)和电视信号的传播。

红外波段(infrared radiation，IR)：红外波段波长范围在 $1\mu m$ 到小于微波波长之间，光子能量为 $10^{-3}\sim1$eV。在红外波段区间又分为近红外($1\sim3\mu m$)、中红外($3\sim5\mu m$)、远红外($6\sim10\mu m$)以及超远红外($10\sim1000\mu m$)区。室温下，热体辐射光子波长一般小于 $10\mu m$，红外光电探测器在红外成像中获得广泛应用。

可见光波段（visible radiation）：可见光波段波长范围为 0.4～0.7μm，光子能量为 1～3eV，是人眼感光区。

紫外区（ultra violet，UV）：紫外区波长小于可见光波长，光子能量在 4～100eV 范围内，其光子能量可能对生物活体组织产生破坏。

X 射线（X-ray）：X 射线为光子能量在 $100\sim10^4\,\mathrm{eV}$ 的电磁辐射，X 射线通过原子内壳层电子跃迁产生。

伽马射线（Gamma ray，γ rays）：伽马射线是光子能量大于 $10^4\,\mathrm{eV}$ 的电磁辐射，其辐射由原子核转换产生。X 射线和伽马射线对生物活体组织会产生严重破坏，另外它们为基因突变提供了辐射源。

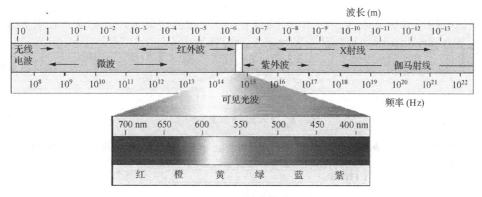

图 1.13　电磁波谱

1.6　光波在介质界面的传播

光波在界面反射和折射定律，以及光发生反射和折射时振幅、相位和偏振态的变化规律，即菲涅耳公式，应用光波在介质界面所满足电磁场边界条件进行严格的推导。通过菲涅耳公式分析反射、折射光的重要特性。

1.6.1　介质界面电磁波反射与折射

光波通过不同折射率的介质交界面时，产生反射波和折射波（图 1.14）。假设两种介质是均匀各向同性的线性介质且电导率为零，并且我们主要讨论光波段，其介质磁导率 $\mu=1$。选择入射光的基元成分为线偏振单色平面波：

$$\boldsymbol{E}_1(\boldsymbol{r},t)=\tilde{\boldsymbol{E}}_{10}\mathrm{e}^{\mathrm{i}(\boldsymbol{k}_1\cdot\boldsymbol{r}-\omega_1 t)},\quad \tilde{\boldsymbol{E}}_{10}=\boldsymbol{E}_{10}\mathrm{e}^{\mathrm{i}\varphi_{10}} \tag{1.40}$$

相应的反射光和折射光也是线偏振平面波：

$$\boldsymbol{E}_1'(\boldsymbol{r},t)=\tilde{\boldsymbol{E}}_{10}'\mathrm{e}^{\mathrm{i}(\boldsymbol{k}_1'\cdot\boldsymbol{r}-\omega_1' t)},\quad \tilde{\boldsymbol{E}}_{10}'=\boldsymbol{E}_{10}'\mathrm{e}^{\mathrm{i}\varphi_{10}'} \tag{1.41}$$

$$\boldsymbol{E}_2(\boldsymbol{r},t)=\tilde{\boldsymbol{E}}_{20}\mathrm{e}^{\mathrm{i}(\boldsymbol{k}_2\cdot\boldsymbol{r}-\omega_2 t)},\quad \tilde{\boldsymbol{E}}_{20}=\boldsymbol{E}_{20}\mathrm{e}^{\mathrm{i}\varphi_{20}} \tag{1.42}$$

以上三式中，$\boldsymbol{E}_{10}$、$\boldsymbol{E}_{10}'$、$\boldsymbol{E}_{20}$ 分别是入射波、反射波、折射波的振幅；$\boldsymbol{k}_1$、$\boldsymbol{k}_1'$、$\boldsymbol{k}_2$ 分别是它们的波矢；ω_1、ω_1'、ω_2 分别是它们的频率。分析这些物理量间的关系问题，可以归结为求解电磁场的边界值问题。

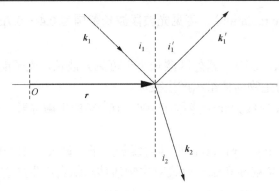

图 1.14 光入射到两种介质交界面时，产生反射和折射

根据电磁场的边界条件，在光学介质（$\mu \approx 1$）交接的边界上，入射光、反射光和折射光的波函数是时间和空间坐标的恒等函数，可以证明有

$$\omega_1 = \omega_1' = \omega_2 \tag{1.43}$$

和

$$\mathbf{k}_1 \cdot \mathbf{r} = \mathbf{k}_1' \cdot \mathbf{r} = \mathbf{k}_2 \cdot \mathbf{r} \tag{1.44}$$

三个波矢 $\mathbf{k}_1$、$\mathbf{k}_1'$、$\mathbf{k}_2$ 在同一平面内，这个平面定义为入射面。同时可以得到反射定律和折射定律：

$$\sin i_1 = \sin i_1' \quad \text{或} \quad i_1 = i_1' \tag{1.45}$$

$$n_1 \sin i_1 = n_2 \sin i_2 \tag{1.46}$$

这两个定律描述了入射光、反射光与折射光的波矢方向所满足的关系。

1.6.2 菲涅耳公式

建立图 1.15 所示的坐标系，光的入射面取为 xy 平面，z 轴垂直入射面。假设入射光为线偏振光，任一入射线偏振光振幅矢量 $\mathbf{E}_{10}$，分解为相互垂直的两个分量：s 分量 E_{1s} 和 p 分量 E_{1p}。E_{1s} 表示垂直入射面的分量，E_{1p} 表示平行入射面的分量，如图 1.15 所示。同样反射波振幅 $\mathbf{E}_{10}'$ 分解为垂直入射面的分量 E_{1s}' 和平行入射面的分量 E_{1p}'；折射波振幅 $\mathbf{E}_{20}$ 分解为垂直入射面的分量 E_{2s} 和平行入射面的分量 E_{2p}，如图 1.16 所示。理论上可以证明光在反射和折射过程中，s 分量和 p 分量不会出现交叠。

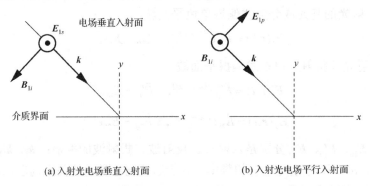

(a) 入射光电场垂直入射面　　　　　　(b) 入射光电场平行入射面

图 1.15 入射光线的振幅分解为垂直和平行 xy 平面的振动分量

应用介质界面电磁场的边界条件和反射、折射定律，入射光、反射光和折射光的 s 分量和 p 分量满足菲涅耳公式：

$$\tilde{r}_s = \frac{\tilde{E}'_{1s}}{\tilde{E}_{1s}} = \frac{n_1 \cos i_1 - n_2 \cos i_2}{n_1 \cos i_1 + n_2 \cos i_2} = \frac{\sin(i_2 - i_1)}{\sin(i_1 + i_2)} \tag{1.47}$$

$$\tilde{t}_s = \frac{\tilde{E}_{2s}}{\tilde{E}_{1s}} = \frac{2n_1 \cos i_1}{n_1 \cos i_1 + n_2 \cos i_2} = \frac{2 \cos i_1 \sin i_2}{\sin(i_1 + i_2)} \tilde{E}_{1s} \tag{1.48}$$

$$\tilde{r}_p = \frac{\tilde{E}'_{1p}}{\tilde{E}_{1p}} = \frac{n_2 \cos i_1 - n_1 \cos i_2}{n_2 \cos i_1 + n_1 \cos i_2} = \frac{\tan(i_1 - i_2)}{\tan(i_1 + i_2)} \tag{1.49}$$

$$\tilde{t}_p = \frac{\tilde{E}_{2p}}{\tilde{E}_{1p}} = \frac{2n_1 \cos i_1}{n_2 \cos i_1 + n_1 \cos i_2} \tag{1.50}$$

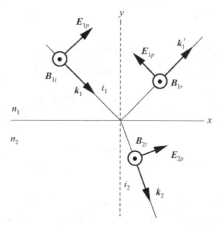

图 1.16　偏振光平行入射面时，入射、反射和折射光波矢量方向关系

利用光传输的可逆性，设计图 1.17 所示理想实验，可获得光在 n_1 / n_2 与 n_2 / n_1 介质面之间的复振幅反射率 r / r' 和折射率 t / t' 关系式，这种四个量间的关系称为斯托克斯倒逆关系。假设从不同方向入射三束光（图 1.17(b)），设第一束振幅为 1 的光，从 n_1 介质入射到分界面，反射光和折射光振幅分别为 r 和 t；第二束振幅为 r 的光束，沿第一束光的反射光的逆向射向界面，相应的反射振幅为 rr，折射光振幅为 rt；第三束振幅为 t 的光束，沿第一束光的折射光的逆向射向界面，相应的反射和折射光振幅分别为 $r't$ 和 $t't$。此条件下，第一光波的反射波和折射波与相应方向的入射波抵消，则另外两个方向的合成光束，即 $(1、rr、tt')$ 的合成光束为零，且 $(rt、r't)$ 的合成光束为零，即

$$1 - (rr + r't) = 0$$
$$rt + r't = 0 \tag{1.51}$$

或

$$r^2 + r't = 1$$
$$r' = -r \tag{1.52}$$

式(1.52)称为斯托克斯倒逆关系，在该表达式中省略复数符号和下标(p、s)表示，对 p 光和 s 光均成立。

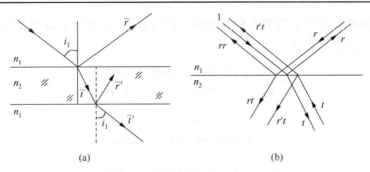

图 1.17　斯托克斯倒逆关系理想实验图

1.6.3　介质界面光强的反射率和透射率

根据光强公式 $I = E^2 = nE_0^2$，从复振幅反射率和透射率公式可求得光在介质面的光强反射率 R_p、R_s 和透射率 T_p、T_s：

$$R_s = \frac{I'_{1s}}{I_{1s}} = \frac{n_1(\tilde{E}'_{1s})^2}{n_1(\tilde{E}_{1s})^2} = r_s^2 = \left| \frac{n_1 \cos i_1 - n_2 \cos i_2}{n_1 \cos i_1 + n_2 \cos i_2} \right|^2$$

$$T_s = \frac{I_{2s}}{I_{1s}} = \frac{n_2(\tilde{E}_{2s})^2}{n_1(\tilde{E}_{1s})^2} = \frac{n_2}{n_1} t_s^2 = \frac{n_2}{n_1} \left| \frac{2n_1 \cos i_1}{n_1 \cos i_1 + n_2 \cos i_2} \right|^2$$

$$R_p = \frac{I'_{1p}}{I_{1p}} = \frac{n_1(\tilde{E}'_{1p})^2}{n_1(\tilde{E}_{1p})^2} = r_p^2 = \left| \frac{n_2 \cos i_1 - n_1 \cos i_2}{n_2 \cos i_1 + n_1 \cos i_2} \right|^2 = \left| \frac{\tan(i_1 - i_2)}{\tan(i_1 + i_2)} \right|^2 \quad (1.53)$$

$$T_p = \frac{I_{2p}}{I_{1p}} = \frac{n_2(\tilde{E}'_{1p})^2}{n_1(\tilde{E}_{1p})^2} = \frac{n_2}{n_1} t_p^2 = \frac{n_2}{n_1} \left| \frac{2n_1 \cos i_1}{n_2 \cos i_1 + n_1 \cos i_2} \right|^2$$

式中，$r_{s、p} = |\tilde{r}_{s、p}|$；$t_{s、p} = |\tilde{t}_{s、p}|$。

以空气（折射率 $n=1.0$）和光学玻璃（折射率 $n=1.5$）为例，计算光由空气入射到玻璃和由玻璃入射到空气介质时，介质界面的光强反射率和透射率随入射角的变化曲线，如图 1.18 所示。光强反射率曲线表明，存在一个使 p 光反射为零的特殊入射角，以及从光密介质到光疏介质在一定入射角度时，反射率为 1 等值得关注的情形。下面讨论这两种特殊情形。

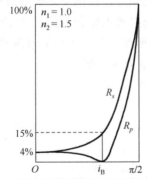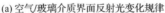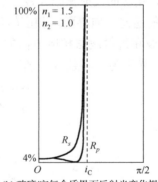

(a) 空气/玻璃介质界面反射光变化规律　　(b) 玻璃/空气介质界面反射光变化规律

图 1.18　空气/玻璃和玻璃/空气介质界面反射光强随入射角的变化规律

从图 1.18 看到，无论光从空气入射到玻璃介质，还是从玻璃入射到空气介质，都表现出一个特殊入射角，当光以该入射角入射时，反射光的 p 分量为零，这个入射特殊角 i_B 称为**布儒斯特角**。布儒斯特角由式(1.54)确定：

$$i_1 + i_2 = \frac{\pi}{2} \tag{1.54}$$

根据折射定律，$n_1 \sin i_1 = n_2 \sin i_2$，利用式(1.54)，给出布儒斯特角满足的公式：

$$\tan i_B = \frac{n_2}{n_1} \tag{1.55}$$

如空气($n_1=1$)/玻璃($n_2=1.5$)或玻璃/空气介质界面的布儒斯特角分别为 $i_B \approx 56°18'$ 和 $33°42'$。当光的入射角在布儒斯特角附近时，介质界面反射光表现为部分偏振光，主要成分为 s 偏振光，如图 1.18 所示，当入射角等于布儒斯特角时，反射光为 s 分量的线偏振光。有的文献称布儒斯特角为偏振角。

当光从光密介质入射到光疏介质($n_1 > n_2$)时(图(1.18b))，我们注意到，当入射角大于一定值时，光波的 s 分量和 p 分量的反射均为 1，此时光发生了全反射。光从光密介质入射到光疏介质界面时，由于 $n_1 > n_2$，入射角小于折射角($i_1 < i_2$)，存在一个临界入射角 i_c 使得 $\sin i_2 = \frac{n_1}{n_2} \sin i_1 = 1$，即入射角 $i_2 = 90°$，这个入射角称为全反射角，满足

$$\sin i_c = \frac{n_2}{n_1} \tag{1.56}$$

当入射角大于全反射角 i_c 时，折射定律出现问题，会使 $\sin i_2 = \frac{n_1}{n_2} \sin i_1 > 1$ 无解。为了讨论光波入射角 $i_1 > i_c$ 情形，利用折射定律 $\cos i_2$ 表示为

$$\cos i_2 = \sqrt{1 - \sin^2 i_2} = i\sqrt{\left(\frac{n_1}{n_2} \sin i_1\right)^2 - 1} \tag{1.57}$$

将式(1.57)代入菲涅耳 p 分量和 s 分量反射公式，有

$$\tilde{r}_p = \frac{n_2 \cos i_1 - in_1 \sqrt{\left(\dfrac{n_1}{n_2} \sin i_1\right)^2 - 1}}{n_2 \cos i_1 + in_1 \sqrt{\left(\dfrac{n_1}{n_2} \sin i_1\right)^2 - 1}} = \frac{a_1 - ib_1}{a_1 + ib_1} = e^{i\delta_p} \tag{1.58}$$

$$\tilde{r}_s = \frac{n_1 \cos i_1 - in_2 \sqrt{\left(\dfrac{n_1}{n_2} \sin i_1\right)^2 - 1}}{n_1 \cos i_1 + in_2 \sqrt{\left(\dfrac{n_1}{n_2} \sin i_1\right)^2 - 1}} = \frac{a_2 - ib_2}{a_2 + ib_2} = e^{i\delta_s} \tag{1.59}$$

式(1.58)和式(1.59)利用了复数 $|a+ib| = |a-ib|$ 条件，表明入射角大于 i_c 时，反射率为 1，入射光全部被反射，反射光相对入射光发生相位变化，相位变化量为

$$\delta_p = -2\arctan\left(\frac{b_1}{a_1}\right), \qquad \delta_s = -2\arctan\left(\frac{b_2}{a_2}\right) \tag{1.60}$$

式中，$a_1 = n_2\cos i_1$；$b_1 = n_1\sqrt{\left(\dfrac{n_1}{n_2}\sin i_1\right)^2 - 1}$；$a_2 = n_1\cos i_1$；$b_2 = n_2\sqrt{\left(\dfrac{n_1}{n_2}\sin i_1\right)^2 - 1}$。由 1.2 节中复振幅的定义方式，与实际相位超前为负的定义相反，因此实际相位差应该是将式(1.60)取负：

$$\delta_p = 2\arctan\left(\frac{b_1}{a_1}\right), \quad \delta_s = 2\arctan\left(\frac{b_2}{a_2}\right) \tag{1.61}$$

1.6.4　隐失波

根据电磁场在介质界面的边界条件，电磁场在界面处是连续的；另外，在光从光密介质到光疏介质（$n_1 > n_2$）传播时，当入射角大于 i_c 时，折射光光强为零。下面我们分析其中的物理本质。

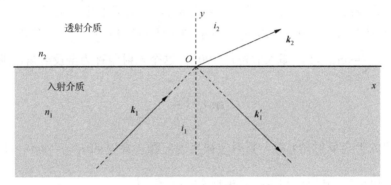

图 1.19　光从光密介质入射到光疏介质，入射角大于全反角

设 xy 平面在入射面内，如图 1.19 所示，折射波函数为

$$E_2(r,t) = \tilde{E}_{20}e^{i(k_2 \cdot r - \omega_2 t)} \tag{1.62}$$

式中，波矢有关的相位项可表示为

$$k_2 \cdot r = k_{2x}x + k_{2y}y \tag{1.63}$$

其中，$k_{2x} = k_2\sin i_2$；$k_{2y} = k_2\cos i_2$。由折射定律和式(1.57)，有

$$k_{2x} = k_2\frac{n_1}{n_2}\sin i_1, \quad k_{2y} = i\sqrt{\left(\frac{n_1}{n_2}\sin i_1\right)^2 - 1} \tag{1.64}$$

故当 $i_1 > i_c$ 时，折射光波函数为

$$E_2(r,t) = \tilde{E}_{20}e^{-y\sqrt{\left(\frac{n_1}{n_2}\sin i_1\right)^2 - 1}}e^{i\left(k_2\frac{n_1}{n_2}\sin i_1 \cdot x - \omega_2 t\right)} \tag{1.65}$$

式中，等号右边第一个指数项沿 y 方向，即垂直入射表面方向，光波迅速衰减。式(1.65)表示折射波是沿 x 方向传播，在 y 方向衰减的隐失波（evanescent wave）。隐失波的传播深度为波长量级。

实验上证实隐失波存在最简单的方法，如图 1.20 所示，将两块光学玻璃棱镜（$n \approx 1.5$）

斜边相对放置，光束垂直棱镜的一直角边入射，入射光在棱镜的斜边处的入射角大于全反射角（$i_c \approx 41.81°$），当两块棱镜相对位置较大时，入射光被第一块棱镜斜边完全反射；当两块棱镜间的距离足够小时，由于隐失波的存在，第二块棱镜将隐失波引入该棱镜中，有部分光从第二块棱镜透射。

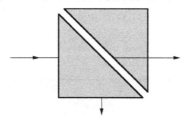

图 1.20　当两块棱镜间距在波长范围内时，隐失波被导引出

1.6.5　界面反射光的相位变化

1. 反射光和折射光振幅随入射角的变化规律

为了讨论界面反射光的相位变化，我们计算菲涅耳公式描述反射光振幅的变化规律，如图 1.21 所示。光从光疏介质到光密介质界面时，s 偏振光和 p 偏振光的振幅反射率随入射角的变化都是实数，变化规律如图 1.21(a)所示。光从光密介质到光疏介质界面时，s 偏振光和 p 偏振光的振幅反射率随入射角的变化，如图 1.21(b)所示，当入射角小于全反射角时，反射率为实数，入射角大于全反射角时反射率为虚数。图 1.22 给出了光从光疏介质到光密介质界面的振幅反射率随入射角的变化。

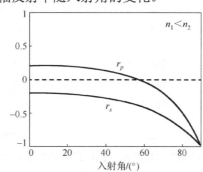

(a) 光从光疏介质到光密介质界面的振幅反射率随入射角的变化

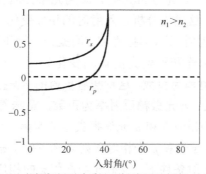

(b) 光从光密介质到光疏介质界面的振幅反射率随入射角的变化

图 1.21　光在两种介质界面的振幅反射率随入射角的变化规律

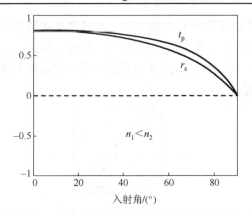

图 1.22　光从光疏介质到光密介质界面的振幅反射率随入射角的变化

2. 介质界面反射光与折射光相位变化

数学上 $e^{i\pi} = -1$，在光学中可以理解为，如果复振幅中有的负号等价为附加了 π 的相位。我们讨论图 1.21 和图 1.22 中，反射光反射率和透射光透过率的正负号的物理意义，为此定义两光束传播方向相反时，电场矢量振荡方向相反两束光的相位相差 π，电场矢量振荡方向相同，两束光的相位相同，相位差为 0，如图 1.23(a) 所示，两光束同向传播时，相位差定义与相反传播时相同，如图 1.23(b) 所示。

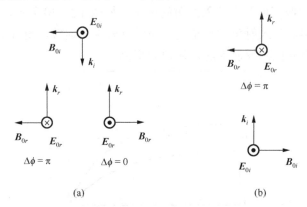

图 1.23　介质界面反射光与折射光相位差定义示意图

（1）光疏介质到光密介质。首先分析光疏介质到光密介质 $(n_1 < n_2)$，反射光和透射光的相位变化。为了讨论方便，这里先分析正入射时的相位变化。根据菲涅耳公式推导中 s 光和 p 光坐标架的定义，正入射时，其 s 偏振光和 p 偏振光反射和透射的坐标架如图 1.24(a) 所示。入射光经介质界面反射光和透射光的振幅变化如图 1.21(a) 和图 1.22 所示。由图 1.21(a) 可以看到 s 光振幅反射率为负数，这意味着反射的 s 偏振光偏振矢量方向，与定义的反射 s 偏振光偏振方向相反；p 光振幅反射率为正数，意味着反射 p 光偏振矢量与定义的方向相同。得到反射光 s 偏振矢量和 p 光偏振矢量的实际方向如图 1.24(b) 所示。按照图 1.23 所示的相位变化定义，s 光和 p 光相对入射光都发生了 π 的相位改变。因此，从光疏介质到光密介质在小角度入射条件下，反射光会产生 π 的相位变化，π 的相位改变也称为半波损失。

光疏介质到光密介质透射 s 光和 p 光的振幅透射率都是大于零的数，即折射 s 光和 p 光偏振矢量与定义坐标架偏振矢量方向一致，如图 1.24(b) 所示，分别与入射光的 s 分量和 p 分量方向相同，因此透射光没有产生相位改变。

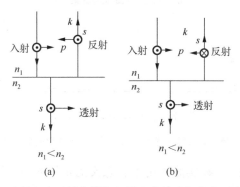

图 1.24　定义的入射光、反射光和透射光偏振矢量方向及坐标架与反射光及透射光的偏振方向

(2) 光密介质到光疏介质。入射光从光密介质到光疏介质时 $(n_1 > n_2)$，正入射情形反射光和透射光的相位变化与光疏介质到光密介质情形讨论相同。入射光经介质界面反射光和透射光的振幅变化如图 1.21(b) 所示，看到 p 光振幅反射率为负数，这意味着反射的 p 偏振光偏振矢量方向，与定义的反射 p 偏振光偏振方向相反；s 光振幅反射率为正数，意味着反射 s 光偏振矢量与定义的方向相同。反射光 s 偏振矢量和 p 光偏振矢量的实际方向，如图 1.25 所示。按照相位变化定义，s 光和 p 光相对入射光没有产生相位改变。因此，从光密介质到光疏介质在小角度入射条件下，反射光相位不变。正入射条件下，透射光的 s 和 p 分量的振幅正负变化规律与光疏介质到光密介质的相同，因此透射光没有产生相位改变。

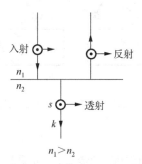

图 1.25　光密介质到光疏介质界面反射光和折射光的 s 偏振和 p 偏振矢量的实际方向

光掠射介质界面时，入射角接近 $90°$，入射光与反射光 s 和 p 偏振分量定义的坐标架如图 1.26(a) 所示。当入射光从光疏介质到光密介质时 $(n_1 < n_2)$，反射光 s 偏振和 p 偏振振幅反射率为负数，即 s 偏振和 p 偏振与定义坐标架的方向相反，如图 1.26(b) 所示，比较入射光的偏振矢量方向，表明反射光发生 π 相位改变。

当入射光由光密介质到光疏介质时 $(n_1 > n_2)$，掠入射条件下，反射光的 s 分量和 p 分量振幅为负数，表明反射光 s 和 p 分量的振动方向与坐标架定义的方向相反，与从光疏介质到光密介质反射光情形相同，反射光发生 π 相位改变。因此掠入射条件下，反射光总会发生 π 相位的改变，均有半波损失，有的文献将其称为 π 相位的突变。

(a) s 光与 p 光定义坐标架

(b) 反射光的偏振方向

图 1.26　s 光与 p 光定义坐标架，反射光的偏振方向

　　对于一般的斜入射情形，在实际应用中有意义的是经薄膜上下表面反射光 1 和 2 之间的相位差，是否有相位 π 的突变，如图 1.27 所示。以 $n_1 < n_2 > n_3$ 为例，假设入射角小于布儒斯特角，比较光线 1 和 2 的 p 光和 s 光的振动方向是否发生改变。由相位变化的定义可知，透射 p 光和 s 光的相位不发生改变，即透射光的振动方向与设定方向一致，因此只需分析反射时相位的变化。采用与前面一样的分析方法，得到由介质薄膜上下表面，反射光线 1 和 2 的 p 光和 s 光的振动方向，如图 1.27 所示。比较光线 1 和 2 的 p 光和 s 光的振动方向，从薄膜上下表面反射光产生了 π 的相位差。同样可以分析得到，当薄膜折射率 n_2 满足 $n_1 > n_2 < n_3$ 时，薄膜上下表面反射光产生了 π 的相位差；当薄膜折射率 n_2 满足 $n_1 < n_2 < n_3$ 和 $n_1 > n_2 > n_3$ 时，薄膜上下表面反射光无相位突变。当入射角大于布儒斯特角时，可以得到相同的结论。

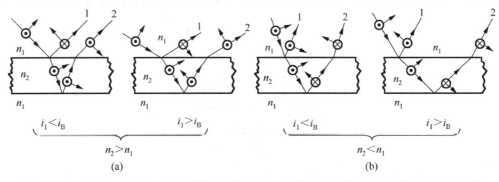

图 1.27　入射角小于(或大于)布儒斯特角情况下，介质上下表面反射光的偏振方向示意图

因此可得到如下结论。

　　(1) 光疏介质到光密介质时 ($n_1 < n_2$)，正入射和掠射，其反射光相对入射光产生 π 的相位差，即半波损失。

　　(2) 光密介质到光疏介质时 ($n_1 > n_2$)，正入射时，反射光没有相位突变；掠射时，反射光产生 π 的相位差。

　　(3) 一般角度入射情况，有意义的是经薄膜上下表面反射光之间的相位差，当薄膜折射率 n_2 满足 $n_1 < n_2 > n_3$ 和 $n_1 > n_2 < n_3$ 时，薄膜上下表面反射光之间产生 π 的相位差；当薄膜折射率 n_2 满足 $n_1 < n_2 < n_3$ 和 $n_1 > n_2 > n_3$ 时，薄膜上下表面反射光之间不会产生相位突变。

1.7 光学波导的全反射分析方法

光波导是利用介质结构，使光波约束在介质内部或表面，按照设定的路径传输的一类介质。应用电磁场理论研究光波在波导介质中的传输规律称为波导光学。这里我们以全反射理论讨论光波约束在波导中的传输条件、模式的形成与限制。

1.7.1 波导结构与光束传输

最典型的光波导是光纤，由轴对称结构的纤芯和包层组成，折射率分别为 n_1 和 n_0，且 $n_1 > n_0$，其沿轴向剖面的结构如图 1.28 所示。通过光纤端面耦合进入光纤的光，满足全反射条件：

$$n_1 \sin(\pi/2 - \phi) \geq n_0$$
$$\sin\theta = n_1 \sin\phi \leq \sqrt{n_1^2 - n_0^2} \tag{1.66}$$

即满足全反射的入射角 θ 为

$$\theta \leq \arcsin\sqrt{n_1^2 - n_0^2} = \theta_{max} \tag{1.67}$$

式中，θ_{max} 为光纤光波导的光束最大耦合角，称为数值孔径（numerical aperture，NA）。由于纤芯和包层折射率差一般为 $n_1 - n_0 \sim 0.01$，因此有

$$\theta_{max} \approx \sqrt{n_1^2 - n_0^2} \tag{1.68}$$

定义光纤的纤芯与包层相对折射率差为

$$\Delta = \frac{n_1^2 - n_0^2}{2n_1^2} \approx \frac{n_1 - n_0}{n_1} \tag{1.69}$$

利用式(1.69)，数值孔径可以表示为

$$\mathrm{NA} = \theta_{max} \approx n_1\sqrt{2\Delta} \tag{1.70}$$

光束在光纤传输的最大角(光线与光纤中心轴夹角)为

$$\phi_{max} \approx \theta_{max}/n_1 \approx \sqrt{2\Delta} \tag{1.71}$$

典型光纤 $n_1 = 1.47$，$n_0 = 1.455$，$\Delta = 1\%$，有 NA=0.21，$\theta_{max} = 12°(\phi_{max} = 8.1°)$。

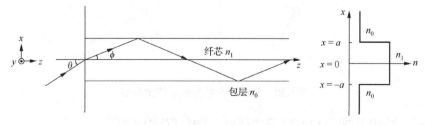

图 1.28 光纤结构示意图

1.7.2 光学波导形成机理

只有当入射角小于数值孔径角时，光才能在光纤中传输。在波导中不是所有的小入射

角光束都能在光纤中传输，入射角还必须满足一定的条件，这就是光波导中模式形成的原因。这里以平行平板波导为例（图 1.29，在 y 方向平面无穷大），利用简单光线理论讨论模式形成。设光束在 xz 平面内沿芯轴 z 传播，与 z 轴夹角为 ϕ，波矢在 z 和 x 轴的分量为

$$\beta = kn_1 \cos\phi$$
$$\kappa = kn_1 \sin\phi \tag{1.72}$$

式中，$k = 2\pi / \lambda$，λ 为真空中波长。

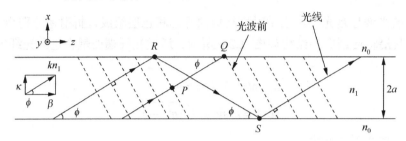

图 1.29　光在波导的光线(实线)和光波前(虚线)

在讨论模式形成之前，首先分析全反射时反射光的相位变化。设入射光偏振方向垂直入射面，如图 1.30 所示。全反射的反射率可表示为

$$r_\perp = \frac{\tilde{E}_{i\perp}}{\tilde{E}_{r\perp}} = \frac{n_1 \sin\phi + i\sqrt{n_1^2 \cos^2\phi - n_0^2}}{n_1 \sin\phi - i\sqrt{n_1^2 \cos^2\phi - n_0^2}} \tag{1.73}$$

式中，ϕ 为入射角的余角。如果将式(1.73)表示为 $r_\perp = |r_\perp| \exp(-\mathrm{j}\Phi)$ 的形式，则相位 Φ 为

$$\Phi = -2\arctan\frac{\sqrt{n_1^2 \cos^2\phi - n_0^2}}{n_1 \sin\phi} = -2\arctan\sqrt{\frac{2\Delta}{\sin^2\phi} - 1} \tag{1.74}$$

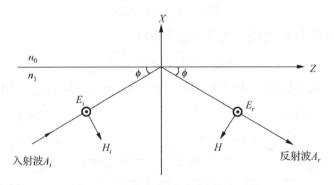

图 1.30　光波在介质界面上的全反射

计算图 1.29 中光线 PQ 和 RS 的光程差。光线 PQ 的光程为

$$L_1 = n_1\left(\frac{2a}{\tan\phi} - 2a\tan\phi\right)\cos\phi = 2n_1 a\left(\frac{1}{\sin\phi} - 2\sin\phi\right) \tag{1.75}$$

光线 RS 的光程为

$$L_2 = n_1 \frac{2a}{\sin \phi} \tag{1.76}$$

光线从 R 到 S 的相位还包括两次反射的相位变化，因此 QS 等相位面，要求满足

$$(kL_2 + 2\Phi) - kL_1 = 2m\pi \tag{1.77}$$

式中，m 为整数。利用式 (1.74)～式 (1.77) 有

$$\tan(kn_1 a \sin \phi - m\pi / 2) = \sqrt{\frac{2\Delta}{\sin^2 \phi} - 1} \tag{1.78}$$

式 (1.78) 表明，入射角是分立的，对于确定的 m，入射角由波长、波导层和上下包层芯的折射率及波导层的厚度确定。

图 1.31 给出了 $m=0$ 和 1 时两种传播模式的图像。从图 1.31 中可以看出，$m=0$ 时，波的传播在 x 方向是驻波，在 z 方向上空间周期 $\lambda_p = (\lambda / n_1) / \cos \phi = 2\pi / \beta$。

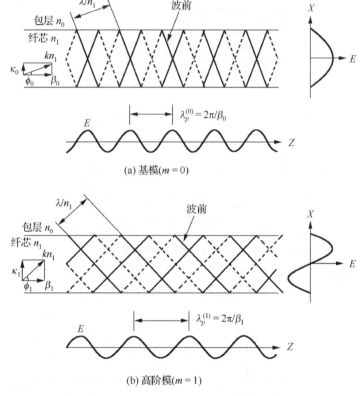

(a) 基模 $(m=0)$

(b) 高阶模 $(m=1)$

图 1.31　$m=0$ 和 1 时波导中的传输模式

1.7.3　平板波导传输 Seelight 模拟

Seelight 软件建立平板波导模拟仿真模块，如图 1.32 (a) 所示，模块由平行光源、平面波导和图像显示等基础器件组成，波导参数通过平板波导器件进行任意设置 (图 1.32 (b))，图 1.32 (b)～(d) 分别展示了不同入射角条件下的光束传输。

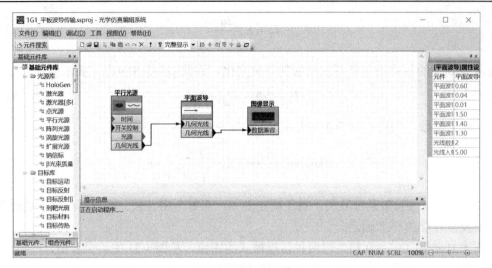

(a)平板波导模拟仿真模块

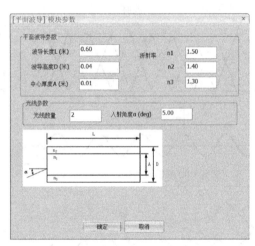

(b)平面波导器件的参数设置

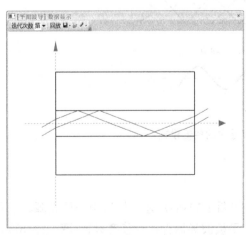

(c)入射角为 3°

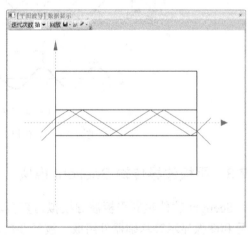

(d)入射角为 5°

图 1.32　平板波导中光波传输仿真模块与模拟结果

第 2 章　光的干涉与仿真模拟

光波在线性介质传播满足叠加原理，光波叠加在一定条件下形成干涉条纹，本章讨论光波干涉产生稳定条纹的必要条件与光波的相干性质，介绍典型的干涉装置及干涉场特征的分析方法，通过 Seelight 软件，展现各种干涉的物理图像。

2.1　光波干涉的基本概念

2.1.1　波的叠加原理

振幅矢量为 E_0、波矢量为 k、频率为 ω 的平面波的复数描述为

$$U(r,t) = E_0 \exp[i(k \cdot r - \omega t)] \tag{2.1}$$

其物理场 $E(r,t)$ 是 $U(r,t)$ 的实部：

$$E(r,t) = \mathrm{Re}\{U(r,t)\} = \frac{1}{2}U(r,t) + \frac{1}{2}U^*(r,t) \tag{2.2}$$

在线性介质（或光强小于一定值时）传输的光波满足叠加原理，即 N 列波的交叠区域，波场中某点 $P(r)$ 的振动 $U(r,t)$ 等于各个波 $U_j(r,t)$ 单独存在时在该点所产生的振动之和：

$$U(r,t) = \sum_j^N U_j(r,t) = \sum_j^N E_{j0} \exp[i(k_j \cdot r - \omega_j t)] \tag{2.3}$$

式 (2.3) 描述的是叠加场一般表达式，叠加光场的振幅、相位等信息由每个分立光场之和确定。

在通常光强条件下，一般的光学介质为线性介质，光的独立传播原理和光的叠加原理是成立的，基于波的叠加原理而建立的理论是线性光学理论。如无特别说明，本书均在线性光学的理论框架内介绍波的干涉与衍射。光波在非线性介质中的传输会产生频率、传播方向等特性的改变，也会产生许多奇异的现象和特殊的应用，这些都是非线性光学的研究内容。

2.1.2　两列平面波叠加与干涉

两束不同波长单色光波场：

$$U(r,t) = E_{10} \exp[(k_1 \cdot r - \omega_1 t + \varphi_{10})], \quad U_2(r,t) = E_{20} \exp[(k_2 \cdot r - \omega_2 t + \varphi_{20})] \tag{2.4}$$

在空间位置 r 处叠加为

$$
\begin{aligned}
E(r,t) &= \mathrm{Re}\{E_{10} \exp[(k_1 \cdot r - \omega_1 t + \varphi_{10})] + E_{20} \exp[(k_2 \cdot r - \omega_2 t + \varphi_{20})]\} \\
&= E_{\Sigma 0} \cos\left(\frac{k_\Sigma \cdot r - \omega_\Sigma t + \varphi_\Sigma}{2}\right) \cdot \cos\left(\frac{\Delta k \cdot r - \Delta \omega t + \Delta \varphi}{2}\right) \\
&\quad - \Delta E_0 \sin\left(\frac{k_\Sigma \cdot r - \omega_\Sigma t + \varphi_\Sigma}{2}\right) \cdot \sin\left(\frac{\Delta k \cdot r - \Delta \omega t + \Delta \varphi}{2}\right)
\end{aligned} \tag{2.5}
$$

式中，参量定义如下：

$$
\begin{aligned}
&\boldsymbol{k}_\Sigma = \boldsymbol{k}_1 + \boldsymbol{k}_2, \quad \omega_\Sigma = \omega_2 + \omega_1, \quad \varphi_\Sigma = \varphi_{20} + \varphi_{10} \\
&\Delta \boldsymbol{k} = \boldsymbol{k}_1 - \boldsymbol{k}_2, \quad \Delta \omega = \omega_1 - \omega_2, \quad \Delta \varphi = \varphi_{20} - \varphi_{10} \\
&\boldsymbol{E}_{\Sigma 0} = \boldsymbol{E}_{10} + \boldsymbol{E}_{20}, \quad \Delta \boldsymbol{E}_0 = \boldsymbol{E}_{10} - \boldsymbol{E}_{20}
\end{aligned}
\tag{2.6}
$$

两列光波叠加场为相加和相减两项构成，两项都包含了高频因子项（两光波频率相加，频率范围为 $10^{14} \sim 10^{15} \mathrm{Hz}$）和低频因子项（两光波频率相减）。

根据光强的定义，两列光波叠加场的光强为叠加场平方的时间平均：

$$
\begin{aligned}
I(\boldsymbol{r}) &= \frac{\varepsilon \varepsilon_0 c}{n} \left\langle |\boldsymbol{E}(\boldsymbol{r},t)|^2 \right\rangle = \frac{\varepsilon \varepsilon_0 c}{2n} \left[|\boldsymbol{E}_{10}|^2 + |\boldsymbol{E}_{20}|^2 + \left\langle \boldsymbol{E}_1(\boldsymbol{r},t) \cdot \boldsymbol{E}(\boldsymbol{r},t)_2 \right\rangle \right] \\
&= I_1(\boldsymbol{r}) + I_2(\boldsymbol{r}) + \frac{\varepsilon \varepsilon_0 c}{n} \left\langle \boldsymbol{E}_1(\boldsymbol{r},t) \cdot \boldsymbol{E}(\boldsymbol{r},t)_2 \right\rangle
\end{aligned}
\tag{2.7}
$$

式中，干涉项为

$$
\begin{aligned}
2 \left\langle \boldsymbol{E}_1 \cdot \boldsymbol{E}_2 \right\rangle = \boldsymbol{E}_{10} \cdot \boldsymbol{E}_{20} \{ &\langle \cos(\boldsymbol{k}_1 + \boldsymbol{k}_2) \cdot \boldsymbol{r} + (\varphi_{20} + \varphi_{10}) - (\omega_2 + \omega_1)t \rangle \\
&+ \langle \cos(\boldsymbol{k}_2 - \boldsymbol{k}_1) \cdot \boldsymbol{r} + (\varphi_{20} - \varphi_{10}) - (\omega_2 - \omega_1)t \rangle \}
\end{aligned}
\tag{2.8}
$$

其中，尖括号表示对时间的平均（参见第 1 章）。式 (2.8) 中，等号右边第一项为和频项，其时间平均值为 0，等号右边第二项中，如果频差较小，那么可以出现拍频信号，表明干涉场的强度随时间变化。因此，为了获得稳定的叠加场分布，必须满足

$$
\omega_2 = \omega_1 \tag{2.9}
$$

从式 (2.8) 可以看出，实现相干叠加，干涉项必须非零，则要求

$$
\boldsymbol{E}_{10} \cdot \boldsymbol{E}_{20} \neq 0 \tag{2.10}
$$

即要求参与相干叠加的两列光波具有相同的偏振分量。此外，为使干涉场强不随时间变化，即获得稳定的干涉场分布，还需要初相位差满足

$$
\varphi_{20} - \varphi_{10} = 常数 \tag{2.11}
$$

以上三个条件称为"相干条件"。满足这三个条件的光束，即具有相同频率、确定的相位关系和有相同偏振方向分量的光源间具有相干性，将它们称为"相干光"。光的相干性将在后面进行讨论。

光波的叠加分为非相干叠加和相干叠加两种情况。不满足相干条件的两光束叠加，其叠加光场的光强是等于参与叠加的两列波的强度和，即

$$
I_t(\boldsymbol{r}) = I_1(\boldsymbol{r}) + I_2(\boldsymbol{r}) \tag{2.12}
$$

称为非相干叠加。

相干叠加是指叠加场的光强不等于参与叠加的两列波的强度和：

$$
I_t(\boldsymbol{r}) = I_1(\boldsymbol{r}) + I_2(\boldsymbol{r}) + \Delta I(\boldsymbol{r}) \tag{2.13}
$$

相干叠加的结果是使叠加区域产生明暗相间的干涉条纹，或者说，使光强产生了重新分布，其中 $\Delta I(\boldsymbol{r})$ 为干涉项。一般来讲，如果两束或多束光之间是相干的，两束或多束光实现了相干叠加且叠加场强度分布不随时间变化。

在讨论光场的干涉时，在假设满足相干条件下，实际上默认光场的偏振方向一致，频率相同。一般情况下，在讨论光场的干涉场分布时，光场可以采用标量形式的复数描述：

$$\tilde{U}(\boldsymbol{r},t) = a(\boldsymbol{r})\mathrm{e}^{\mathrm{i}[\varphi(\boldsymbol{r})-\omega t]} = \tilde{U}(\boldsymbol{r})\mathrm{e}^{(-\mathrm{i}\omega t)}$$

$$\tilde{U}(\boldsymbol{r}) = a(\boldsymbol{r})\mathrm{e}^{\mathrm{i}\varphi(\boldsymbol{r})}$$

设两列光波：$\tilde{U}_1(\boldsymbol{r}) = A_1\mathrm{e}^{\mathrm{i}(\varphi_1(\boldsymbol{r})-\mathrm{i}\omega t)}$ 和 $\tilde{U}_2(\boldsymbol{r}) = A_2\mathrm{e}^{\mathrm{i}[\varphi_2(\boldsymbol{r})-\mathrm{i}\omega t]}$ 叠加，其相干强度为

$$I(\boldsymbol{r}) = [\tilde{U}_1(\boldsymbol{r}) + \tilde{U}_2(\boldsymbol{r})][\tilde{U}_1(\boldsymbol{r}) + \tilde{U}_2(\boldsymbol{r})]^* = I_1 + I_2 + 2\sqrt{I_1 I_2}\cos\Delta\varphi \tag{2.14}$$

式中，$\Delta\varphi = \varphi_1(\boldsymbol{r}) - \varphi_2(\boldsymbol{r})$。两列相同频率光波的干涉场只与空间相位差有关，在下面讨论光的干涉问题时，在单色光源假设条件下，光波可以采用复振幅描述：$\tilde{U}(\boldsymbol{r}) = a(\boldsymbol{r})\mathrm{e}^{\mathrm{i}\varphi(\boldsymbol{r})}$。

2.1.3　干涉场的衬比度

两列或多列光波干涉相对相位在空间或时间上的变化，产生干涉条纹在空间或时间上的变化。干涉条纹的清晰度或条纹的对比度，通过定义干涉条纹的衬比度进行描述：

$$\gamma = \frac{I_{\max} - I_{\min}}{I_{\max} + I_{\min}} \tag{2.15}$$

干涉条纹的衬比度 γ 最大值为 1，最小值为 0。在实际干涉测量应用中，衬比度用于定量地评价干涉条纹的清晰度。干涉场的衬比度 γ 除了作为评价干涉条纹清晰度的指标外，在一定程度上可以反映光波的相干性，具有重要的理论意义。干涉场的衬比度 γ 反映了参与叠加的两个光波之间的相干程度，$\gamma = 1$ 为完全相干；$\gamma = 0$ 为完全非相干；$0 < \gamma < 1$ 为部分相干。

通过图 2.1 所示的方法产生两平行光，两束平行光在 $z=0$ 的平面处相会，分析两束平行光在 $z=0$ 的平面处的干涉场分布，这里设 x 轴平行纸面，y 轴垂直纸面。与 z 轴夹角为 θ_1 的平面波，在 $z=0$ 平面上的波前函数为 $\tilde{U}_1(x,y) = A_1\mathrm{e}^{\mathrm{i}(k\sin\theta_1 x + \varphi_{10})}$；与 z 轴夹角为 $-\theta_2$ 的平面波，其波前函数为 $\tilde{U}_2(x,y) = A_2\mathrm{e}^{\mathrm{i}(-k\sin\theta_2 x + \varphi_{20})}$。

两平面波的叠加场的复振幅为

$$\tilde{U}_t(x) = \tilde{U}_1(x,y) + \tilde{U}_2(x,y) \tag{2.16}$$

干涉场强分布为

$$\begin{aligned} I(x,y) &= [\tilde{U}_1(x,y) + \tilde{U}_2(x,y)][\tilde{U}_1(x,y) + \tilde{U}_2(x,y)]^* \\ &= I_1 + I_2 + 2\sqrt{I_1 I_2}\cos\Delta\varphi \end{aligned} \tag{2.17}$$

式中，$I_1 = \tilde{U}_1(x,y)\tilde{U}_1^*(x,y) = A_1^2$；$I_2 = A_2^2$；$\Delta\varphi(x,y) = k(\sin\theta_1 + \sin\theta_2)x + (\varphi_{10} - \varphi_{20})$

由式 (2.17) 可知，在 $z=0$ 处，即 xy 平面上光强分布与 x 坐标有关，而与 y 无关，干涉条纹为平行于 y 轴的直条纹。

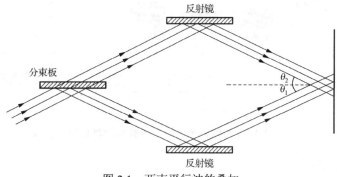

图 2.1　两束平行波的叠加

设位置 x_1 处满足等式 $\Delta\varphi(x_1, y) = 2m\pi$（$m$ 为某一整数），此时干涉条纹强度取最大值，即

$$\Delta\varphi(x_1, y) = k(\sin\theta_1 + \sin\theta_2)x_1 + (\varphi_{10} - \varphi_{20}) = 2m\pi \tag{2.18}$$

同样有位置 x_2 处满足 $\Delta\varphi(x_2, y) = 2(m+1)\pi$，干涉条纹强度取最大值，即

$$\Delta\varphi(x_2, y) = k(\sin\theta_1 + \sin\theta_2)x_2 + (\varphi_{10} - \varphi_{20}) = 2(m+1)\pi \tag{2.19}$$

得到双光束干涉场的条纹间距公式为

$$\Delta x = x_2 - x_1 = \frac{\lambda}{\sin\theta_1 + \sin\theta_2} \tag{2.20}$$

在干涉场分析中，将 m 对应的空间位置处的条纹称为第 m 级干涉条纹。Δm 的变化步长为 1，说明干涉级每变化一级，对应的空间位置变化 Δx，即条纹间距。

条纹间距的倒数被定义为空间频率（计为 f，单位为 mm^{-1}）：

$$f = 1 / \Delta x \tag{2.21}$$

空间频率也是物理光学中经常用到的概念，代表了物理量的空间周期性。

2.1.4　两束平行光的干涉场 Seelight 计算模型

应用 Seelight 软件设计上述平面波相干叠加的计算模型（2A1），如图 2.2 所示。平行光通过平行光模块产生，输入分束器模块产生两列平行光，通过可调倾斜模块使每束光产生倾斜相位，再通过合束器模块，将两束光重叠，产生合成光波。相干叠加通过图像显示模块输出，计算结果如图 2.3 所示。图 2.3（a）为两平面波波面相对 x 轴倾斜角度分别为 θ 和 $-\theta$；图 2.3（b）为两平面波波面相对 y 轴倾斜角度为 θ 和 $-\theta$；图 2.3（c）和（d）中两平面波的倾斜角为任意方向。

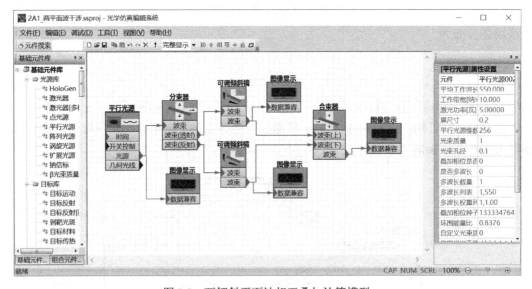

图 2.2　两倾斜平面波相干叠加计算模型

可得计算结果如下。

（1）两平面波振幅相等，分别与 x 轴倾斜 $\pm 10\mu\mathrm{rad}$。

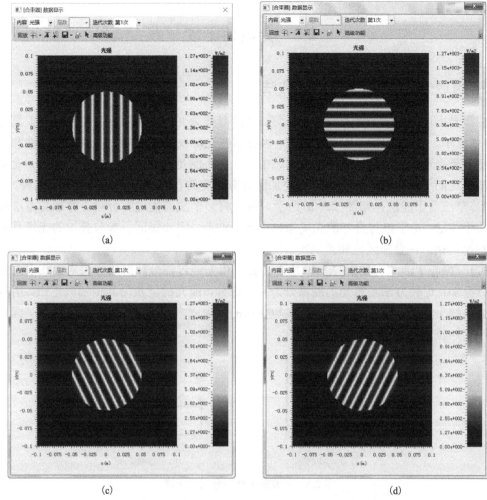

图 2.3　不同倾斜角与倾斜方向的两平面波相干叠加的仿真结果

（2）振幅不相等，其他条件不变，衬比度变化明显，比较图 2.4(a) 和 (b)，图 2.4(a) 中两束平面波的振幅分别为 $A_1=0.7A$ 和 $A_2=0.1A$（A 为常数）；图 2.4(b) 振幅相等。

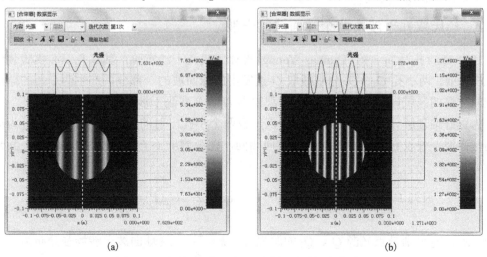

图 2.4　不同振幅的两束平面波相干叠加仿真结果

2.2　分波前干涉

2.2.1　普通光源实现相干叠加的方法

在激光出现之前，干涉实验采用钠灯、汞灯等作为光源，光源发出的光是由大量微观粒子(如原子、分子)的自发辐射形成的，因此这些光源发光在时间上表现为断续性和独立性。使用普通光源进行光的干涉实验时，由于光源不满足相位差恒定的相干条件，无法获得清晰稳定的干涉条纹。为保证干涉叠加区具有稳定的相位差，通常采用以下两种方法。

(1) 分波前干涉法：如图 2.5(a) 所示，这种将一个波前先进行分割再叠加的方法称为分波前干涉法。由于参与叠加的光场来自于同一波前，因此保证了参与叠加的光场具有相同的初始位相，在叠加区位相差恒定。

(2) 分振幅干涉法：如图 2.5(b) 所示，使一束光经过部分反射后分为两束或多束光，再进行叠加，这种方法是将光的能量分为几个部分，而光的能量与其振幅成正比，所以被称为分振幅干涉法。分振幅干涉法使参与叠加的两束或多束光波来自于同一波列，因此也保证了初始位相差的恒定。

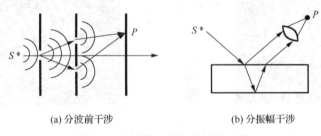

(a) 分波前干涉　　　　　　　　　　　(b) 分振幅干涉

图 2.5　分波前干涉与分振幅干涉

激光具有高空间时间相干性的特点，因此激光的出现使得干涉测量装置中有了很好的相干光源。使用激光作为光源，很容易产生清晰稳定的干涉场分布，干涉测量的应用范围得到了极大的扩展。

2.2.2　杨氏双孔干涉：两个球面波的干涉

1801 年，托马斯·杨(Thomas Young)设计了双孔干涉实验，其双孔干涉实验装置如图 2.6 所示。两小孔 Q_1、Q_2 分别截取 Q 点发出的球面波的一部分，产生两个新的球面波在空间交叠的区域内即可发生干涉。在观察屏 Π 可观察到干涉条纹。

为更好地理解分波前干涉图样的特点，设两个小孔出射的光等效为以 Q_1、Q_2 为球心的两球面波，并设它们在 P 点的偏振方向相同，在观测屏上 P 点坐标为 (x, y, z)，其光场表示如下。

$$\text{波列 1：} U_1(P) = \frac{A_1}{r_1} e^{i(kr_1 - \omega t + \varphi_{10})}, \qquad \text{波列 2：} U_2(P) = \frac{A_2}{r_2} e^{i(kr_2 - \omega t + \varphi_{20})}$$

式中，A_1、A_2 分别是点光源 Q_1、Q_2 的源强度；$k = \dfrac{2\pi}{\lambda}$。两球面波干涉场强分布为

$$I(P) = [U_1(P) + U_2(P)][U_1(P) + U_2(P)]^*$$
$$= I_1(P) + I_2(P) + 2\sqrt{I_1 I_2}\cos(k_0\Delta L + \varphi_{20} - \varphi_{10})$$

(2.22)

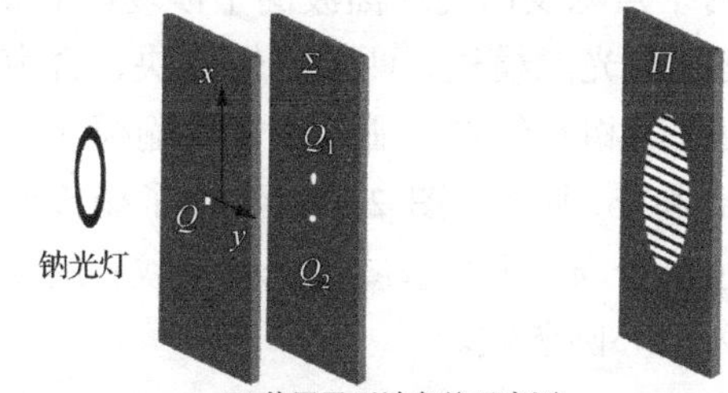

(a) 装置及干涉条纹示意图

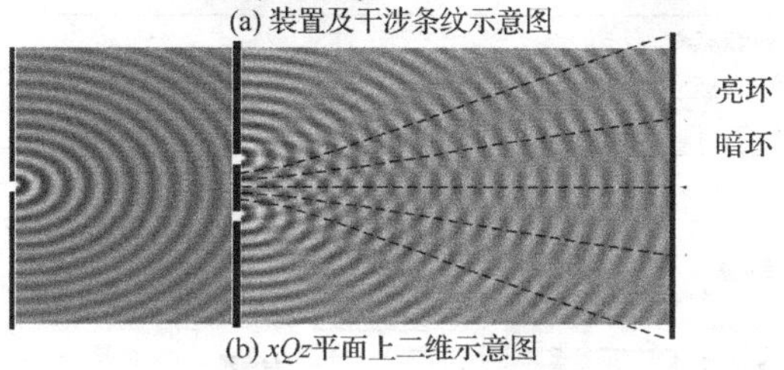

亮环

暗环

(b) xQz平面上二维示意图

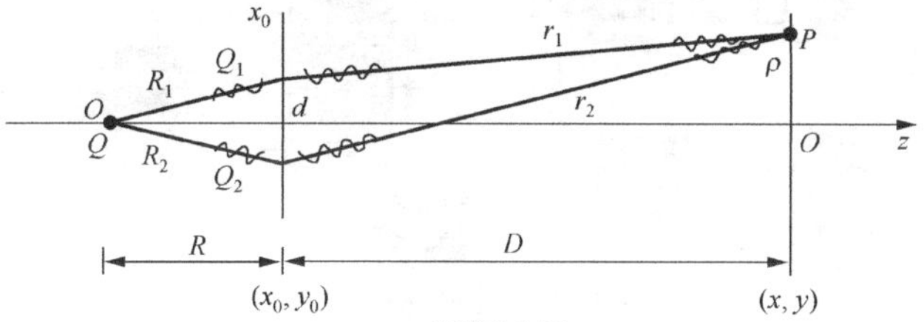

(c) 光程差分析

图 2.6　杨氏双孔干涉实验装置与原理分析示意图

如图 2.6 所示，令 $R_1 = R_2$，则 $\varphi_{20} - \varphi_{10} = 0$，$A_1 = A_2 = A_0$，当 $D \gg d$ 时，$r_1 \approx r_2$，则 $I_1(P) \approx I_1(P) = I_0$，在傍轴条件下，杨氏双孔干涉强度分布满足

$$I(x,y) = 2I_0\left[1 + \cos\left(k_0 n\frac{d}{D}x\right)\right] = 2I_0\left[1 + \cos\left(k\frac{d}{D}x\right)\right]$$

(2.23)

这就是在近轴近似下（$D \gg d$，$r_1 \approx r_2$），杨氏双孔干涉实验在观察屏 Π 面上的干涉条纹强度分布。一般情况下，两个点源发出的球面波的干涉场分布的等光程面，满足

$$\frac{x^2}{(\Delta L/2n)^2} - \frac{y^2 + z^2}{(l/2)^2 - (\Delta L/2n)^2} = 1$$

其等相位面如图 2.7 所示。

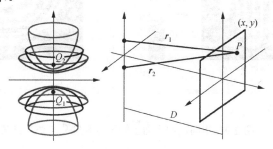

图 2.7　双孔干涉条纹等强度面的空间分布

2.2.3　杨氏干涉 Seelight 计算仿真模型

杨氏干涉可以简化为两个点源发出的球面波的干涉场，其 Seelight 计算模型(2B1)如图 2.8 所示。模型中包含两个点光源模块、两个传输模块、合束器模块和三个图像显示模块，两个点光源在 xy 平面上的相对位置，通过真空传输模块中的选带传输参数选择进行确定，计算结果如图 2.9(a)和(b)所示。图 2.9(a)给出了杨氏双孔干涉在平行双孔连线的观察屏 Π 面上的干涉条纹强度分布，干涉条纹为平行条纹；图 2.9(b)给出了垂直两点光源连线平面上的干涉条纹，为同心圆条纹。

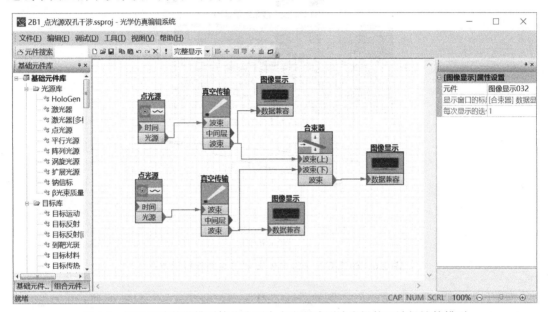

图 2.8　杨氏干涉数学模型简化为两个点光源球面波光场的干涉场计算模型

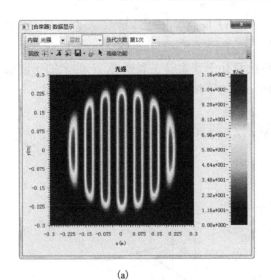
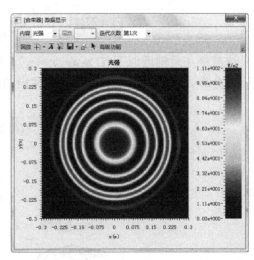

(a)　　　　　　　　　　　　　　　(b)

图 2.9　不同观察平面上的干涉强度分布仿真结果

通过改变双孔间距或观察屏的距离，杨氏干涉条纹间距将发生变化。图 2.10(a)为改变双孔间隔，使其间隔为图 2.9(a)中双孔间隔的两倍，其他条件相同（如波长为550nm），其干涉条纹比图 2.9(a)干涉条纹缩小了一半；图 2.10(b)所示为波长为1064nm 的波长，相比图(a)干涉条纹间距增加了一倍。在 200 多年前，杨氏基于这一原理，提出了光的波长概念，并测量了七种颜色光的波长。可以想象，当使用白光作为实验光源时，将出现彩色条纹，零级为白色，两侧依次由短波到长波分布着蓝、绿、黄、红等颜色。

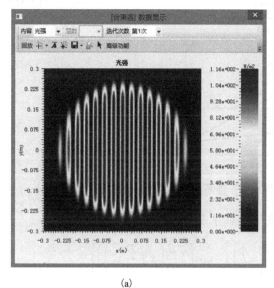
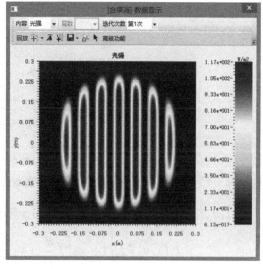

(a)　　　　　　　　　　　　　　　　　　(b)

图 2.10　不同双缝间隔杨氏干涉条纹分布

　　杨氏最初采用双孔干涉实验，后来又改进为双缝干涉实验，以利用更多的光源能量，提高干涉条纹的亮度。为了在提高亮度的同时不降低条纹衬比度，三个狭缝应严格平行。现代使用激光光源进行干涉实验，由于激光的高度相干性，不再需要前面的单孔，用激光直接照明双孔即可得到清晰的干涉条纹。

2.3　光的相干性

2.3.1　光源宽度对干涉场衬比度的影响

　　杨氏干涉实验中使用小孔作为点源，实际中小孔具有一定的尺度，而非一个理想的点源。干涉实验中使用的普通非相干光源总有一定的几何线度或面积，这种具有一定的尺寸和体积的大量非相干点源的集合称为扩展光源。扩展光源照明下的干涉场是每一点源干涉场的非相干叠加。一般情况下，每一点源干涉场的干涉条纹空间分布并不一致，彼此有错位，非相干叠加结果会使干涉场衬比度 γ 值有所下降，甚至使 γ 值降为零，衬比度 γ 值的变化是光场相关性的体现。这里分别以两点光源、线光源和面光源等典型形状的扩展光源为例，分析它们对干涉场衬比度的影响。

1. 两个分离点源照明时的干涉场分布

轴上点源 Q 和轴外点源 A(A 相对 Q 点沿 X_0 轴位移 x_0)经 S_1、S_2 后分别形成干涉,如图 2.11 所示。点源 Q 干涉场的零级条纹位于轴上,点源 A 形成的干涉条纹,其干涉条纹间距不变,只是零级条纹的位置不同:

$$\delta x = \frac{D}{R} x_0 \tag{2.24}$$

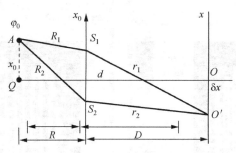

图 2.11　分离点源照明的干涉场分析

点源 A 形成的干涉条纹强度分布沿 x 轴向下平移了 δx,则干涉条纹强度分布为

$$I_A(x,y) = I_0 \left[1 + \cos\left(k\frac{d}{D}(x + \delta x) \right) \right] = I_0 \left[1 + \cos\left(k\frac{d}{D}\left(x + \frac{D}{R}x_0 \right) \right) \right]$$
$$= I_0[1 + \cos(2\pi f x + 2\pi f_0 x_0)] \tag{2.25}$$

式中,$f = 1/\Delta x = d/(D\lambda)$ 为条纹的空间频率;$f_0 = \dfrac{d}{R\lambda}$。由于点源 Q 和 A 非相干,则观察屏上的总的光强分布为

$$I(x,y) = I_Q + I_A = 2I_0 \left[1 + \cos\frac{\phi_0}{2} \cdot \cos\left(2\pi f x + \frac{\phi_0}{2} \right) \right] \tag{2.26}$$

式中,$\phi_0 = 2\pi f_0 x_0$。可见两个非相干点源形成的干涉场的峰值光强变为原来的两倍,干涉场条纹间距不变,但衬比度变为

$$\gamma = \left| \cos\frac{\phi_0}{2} \right| \tag{2.27}$$

2. 线光源照明时的相干场分布

现在分析线光源照明下的双孔干涉条纹的特点。宽度为 b 的非相干的线光源可以看作非相干的密集点源的集合。将非相干线光源分为无限多的微源,微元线度微 dx_0,如图 2.12 所示,其双孔干涉场为

$$dI(x,y) \propto B[1 + \cos(2\pi f x + 2\pi f_0 x_0)]dx_0 \tag{2.28}$$

式中,B 为比例常数;Bdx_0 表示微源的强度。

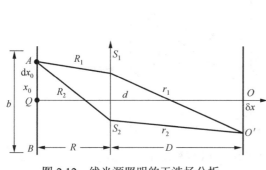

图 2.12　线光源照明的干涉场分析

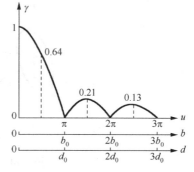

图 2.13　条纹衬比度与光源线度

则线光源照明下的干涉场强为

$$I(x,y) = \int_{-b/2}^{b/2} \mathrm{d}I = \int_{-b/2}^{b/2} B[1 + \cos(2\pi f x + 2\pi f_0 x_0)]\mathrm{d}x_0$$

积分得到

$$I(x,y) = I_0\left(1 + \frac{\sin \pi f_0 b}{\pi f_0 b}\cos 2\pi f x\right) \tag{2.29}$$

式中，$I_0 = Bb$。因此线光源照明下的双孔干涉场衬比度为

$$\gamma = \left|\frac{\sin \pi f_0 b}{\pi f_0 b}\right| = \left|\frac{\sin u}{u}\right| \tag{2.30}$$

式 (2.30) 为一个 sinc 函数的形式，$u = \pi f_0 b = \pi \dfrac{d}{R\lambda}b$。图 2.13 给出了 u 与 γ 的关系。

在双孔间隔 d 一定时，当 $u = \pi$，即 $b = \dfrac{R\lambda}{d}$ 时，$\gamma = 0$，此时干涉条纹完全不可分辨。当 $b > b_0$ 时，干涉场的衬比度也远小于 1，条纹难以分辨，因此可定义光源的极限宽度：

$$b_0 = \frac{R\lambda}{d} \tag{2.31}$$

光源的极限宽度的物理意义是，当光源尺度大于极限宽度时，衬比度接近 0。同样，当 b 一定时，双孔间距达到

$$d_0 = \frac{R\lambda}{b} \tag{2.32}$$

此时，干涉条纹衬比度为 0，这就是使用线光源照明时双孔干涉装置的双孔极限距离。注意到式 (2.32) 中双孔极限距离表达式中不包含双孔到观察屏的距离 D，虽然干涉条纹的观测是在观察屏上进行的，这说明双孔 S_1、S_2 之间的相干性与观察屏的距离无关，而只是与光源特征有关，这一概念将在 2.3.2 节中进行专门的讨论。

3. 面光源照明时的相干场分布

面光源双孔干涉场的讨论方法与线光源相似，将面光源分为无限多微元，如图 2.14 所示，面光源上位于 (x_0, y_0) 处的微源经过双孔干涉装置形成干涉场强度分布：

$$\mathrm{d}I(x,y) \propto B[1 + \cos(2\pi f x + 2\pi f_0 x_0)]\mathrm{d}\sum \tag{2.33}$$

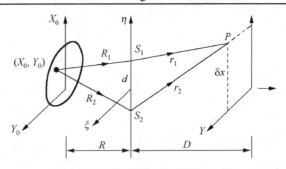

图 2.14　面光源照明的干涉场分析

则总的干涉场强为面光源上所有微面元光源形成的干涉条纹强度的累加,得到面光源照明形成的双孔干涉场强为

$$I(x,y) = \iint_\Sigma B[1 + \cos(2\pi f x + 2\pi f_0 x_0)] \mathrm{d}x_0 \mathrm{d}y_0 \tag{2.34}$$

下面给出根据式(2.34)计算出的几种形状较为简单的面光源照明下双孔干涉场的分布。

(1)矩形光源(沿 X_0 方向边长 b,沿 Y_0 方向边长为 a):

$$I(x,y) = I_0 \left(1 + \frac{\sin \pi f_0 b}{\pi f_0 b} \cos 2\pi f x \right) \tag{2.35}$$

衬比度 $\gamma = \left| \dfrac{\sin u}{u} \right|$,　$u = \pi f_0 b = \pi \dfrac{d}{R\lambda} b$。这一表达式与线光源照明下干涉条纹衬比度表达式是一致的,只是系数 $I_0 = abB$。因此极限宽度也为 $b_0 = \dfrac{R\lambda}{d}$。

(2)圆盘光源(圆盘直径为 b,半径为 ρ)。

对于非相干、均匀发光的圆盘光源可以将圆盘沿纵向 X_0 轴分割成一系列细长条,宽度为 $\mathrm{d}x_0$,长度为 $2\sqrt{\rho^2 - x_0^2}$,如图 2.15 所示。则面元 $\mathrm{d}\Sigma = 2\sqrt{\rho^2 - x_0^2}\,\mathrm{d}x_0$,代入式(2.30)可得

$$I(x,y) = \int_{-b/2}^{b/2} B(x_0)[1 + \cos(2\pi f x + 2\pi f_0 x_0)]\mathrm{d}x_0 \tag{2.36}$$

式中,　$B(x_0) = 2B\sqrt{\rho^2 - x_0^2}$。

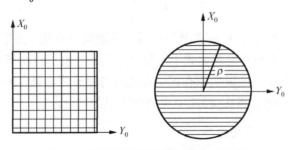

图 2.15　矩形光源与圆盘光源微元取法

这一积分不能得到解析形式。使用数值积分方法可以求出衬比度 γ 随 $f_0 b$ 变化的关系,如图 2.16 所示。可见,当 $f_0 b = 1.1$ 时,衬比度 γ 接近 0。因此可以得到均匀发光非相干圆

盘光源照明时，其极限直径为

$$b_0 = 1.10 \frac{R\lambda}{d} \tag{2.37}$$

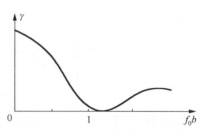

图 2.16 圆盘光源照明下衬比度

2.3.2 光场的空间相干性

1. 空间相干性的概念

实际光源总是具有一定的尺寸，其发射的光波频率总是具有一定的谱线宽度而非单色波，光场具有空间相干性和时间相干性。空间相干性来源于实际光源为扩展光源，时间相干性来源于光源具有一定的谱线宽度。本节结合 2.3.1 节扩展光源干涉场衬比度的特点来研究光场的空间相干性。我们已经知道，扩展光源照明空间中，横向两个小孔 S_1 和 S_2 作为点光源形成的干涉场衬比度反映了 S_1 和 S_2 两个空间位置处光场的相干程度。扩展光源照明下，双孔干涉条纹的衬比度 $\gamma < 1$，表明 S_1 和 S_2 两个空间位置处的光场是部分相干的（partial coherence）；当理想点源照明时，双孔干涉条纹的衬比度 $\gamma = 1$，表明 S_1 和 S_2 两个空间位置处的光场是完全相干的。由此可见，空间任意两个点处的光场的相干程度是与光源密切相关的。

下面从微观角度分析一下扩展光源照明为何使 S_1 和 S_2 处的光场变为部分相干的。如图 2.17 所示，S_1 和 S_2 两点的光场都是扩展光源上的各个非相干点源辐射光场在 S_1 和 S_2 点处的叠加。

S_1 处的光场：

$$\tilde{U}_1 = \tilde{u}_A + \cdots \tilde{u}_O + \cdots \tilde{u}_B + \cdots \tag{2.38}$$

S_2 处的光场：

$$\tilde{U}_2 = \tilde{u}'_A + \cdots \tilde{u}'_O + \cdots \tilde{u}'_G + \cdots \tag{2.39}$$

可见，S_1 处的光场与 S_2 处的光场含有来自于同一点源处辐射出的光场，如 u_A 和 $\tilde{u}'_A$，这两个成分由于来自同一点源的辐射，因此是完全相干的；但 S_1 和 S_2 处的光场 $\tilde{U}_1$ 和 $\tilde{U}_2$ 也含有不同点源的辐射，如 u_A 和 $\tilde{u}'_B$，这两个成分是完全非相干的。相干成分和非相干成分混杂在一起，使得两个位置处的光场 $\tilde{U}_1$ 和 $\tilde{U}_2$ 为部分相干，因而造成最终双孔干涉条纹的衬比度 $\gamma < 1$。由此可见，双孔干涉场的衬比度是空间两点 S_1 和 S_2 处的光场相干程度的度量。

综上所述，光场的空间相干性（spatial coherence）是指在光源照明空间中横向任意两点

位置处的光场 $\tilde{U}_1$ 和 $\tilde{U}_2$ 之间的相干程度，其相干程度是由光源本身的性质决定的，可以通过干涉场的衬比度 γ 来定量地描述 $\tilde{U}_1$ 和 $\tilde{U}_2$ 之间的相干程度。

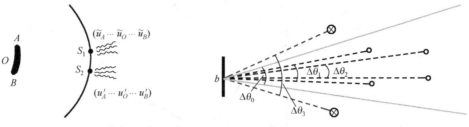

图 2.17　扩展光源照明下空间两点处的非相干叠加　　　图 2.18　相干孔径角的概念

2. 相干孔径角和相干面积

在研究线光源照明下的双孔干涉场特点时，得到了光源宽度 b 给定时的双孔极限间隔 $d_0 = \dfrac{R}{b}\lambda$，如果令 $\Delta\theta_0 = \dfrac{d_0}{R}$，可以得到

$$b \cdot \Delta\theta_0 = \lambda \tag{2.40}$$

实际上，$\Delta\theta_0$ 具有明确的几何意义。在傍轴近似下，$\Delta\theta_0$ 就是双孔对光源中心的张角，式 (2.40) 称为空间相干性反比公式，$\Delta\theta_0$ 称为相干孔径角 (图 2.18)。由式 (2.40) 可见，光源线度越小，相干孔径角越大。相干孔径角 $\Delta\theta_0$ 的物理意义是：当双孔 S_1、S_2 相对光源中心的张角小于 $\Delta\theta_0$ 时，这两点处的光场是部分相干的；反之则为非相干的。值得注意的是，衬比度、光源极限宽度、双孔极限间隔等公式中，都不出现参量 D，这说明空间相干性是与光源相联系的光场的特性。设置双孔实验，旨在将理论上的部分相干光概念体现为一个可观测量——观测平面上的衬比度。

对面光源而言，在二维方向都具有一定的线度，此时空间相干范围可用一个立体角 $\Delta\Omega_0$ 来表示。如圆盘光源照明下的相干立体角：

$$\Delta\Omega_0 = 4\pi\sin^2\frac{\Delta\theta_0}{4} \tag{2.41}$$

式中，$\Delta\theta_0 \approx 1.1\dfrac{\lambda}{b}$，$b$ 为圆盘直径，为简单起见，计算中圆盘光源的相干孔径角与线光源照明下的相干孔径角统一为 $\Delta\theta_0 \approx \dfrac{\lambda}{b}$。按照立体角的定义，与光源相距 R 处对应的面积为

$$\Delta S_0 = R^2\Delta\Omega_0 \approx \frac{\pi}{4}(R\Delta\theta_0)^2 \approx d_0^{\,2} \tag{2.42}$$

2.3.3　光场的时间相干性

1. 谱线宽度

实际光源辐射出的并非理想的单色光，总是存在一定的谱线宽度，表 2.1 给出了几种典型光源的中心波长和谱线宽度。

表 2.1　几种典型光源的中心波长和谱线宽度

光源	中心波长 λ_0/nm	谱线宽度 $\Delta\lambda$/nm	相干时间 τ_0/s	相干长度 L_0/mm	最大干涉级 m
白炽灯	550	300	3×10^{-15}	0.001	2
汞灯 (Hg)	546.1	5	2×10^{-13}	0.06	109
氖灯 (Ne)	632.8	0.002	6.7×10^{-10}	200	3.72×10^5
氪灯 (Kr)	605.8	0.0055	2.2×10^{-10}	67	1.1×10^5
镉灯 (Cd)	643.8	0.0013	1.1×10^{-9}	320	5×10^5

光源具有一定的谱线宽度，源于光源发光的断续性。谱线宽度的物理意义是光源发出的光，其强度在光谱宽度范围内，按一定的规律分布，称为功率谱函数 $i(\omega)$，其含义是在频率 ω 处单位频率间隔 $d\omega$ 内辐射出光强所占的比重。$i(\omega)$ 的分布一般是以 ω_0 为中心频率，当 $\omega = \omega_0 \pm \Delta\omega/2$ 时 $i(\omega)=0$，其中，$\Delta\omega = \dfrac{2\pi}{\tau}$ 为该辐射光谱宽度，τ 为发光持续时间，表明中心频率为 ω_0 的光振动形成了一个具有光谱宽度为 $\Delta\omega$ 的辐射。当 τ 取无穷大时，就对应理想单色光的情况；当 τ 较大以致 $\Delta\omega \ll \omega_0$ 时，就称为准单色光。根据 $\Delta\omega = \dfrac{2\pi}{\tau}$，$\omega = 2\pi\nu$ 可得

$$\Delta\nu \cdot \tau = 1 \tag{2.43}$$

这就是一般情况下发光时间与谱线宽度的简单关系。

功率谱函数 $i(\omega)$ 也可用波长 λ 或波数 k 为变量写为 $i(\lambda)$ 和 $i(k)$ 的形式，准单色光情况时不同变量下谱宽的关系为

$$\Delta\lambda = \frac{1}{c}\lambda_0^2\Delta\nu$$
$$\Delta k = 2\pi\frac{\Delta\lambda}{\lambda_0^2} \tag{2.44}$$

式中，λ_0 为准单色波的中心波长。

2. 光源非单色性对条纹衬比度的影响

在非单色光照明下，杨氏双孔干涉场是所有光谱干涉场的强度叠加：

$$I(\Delta L) = \int_0^\infty i(k)(1 + \cos k\Delta L)\mathrm{d}k \tag{2.45}$$

这里，光源的功率谱表示为波数的函数 $i(k)$。不同光源光谱函数不同，为了讨论光谱对干涉场影响的主要特征，假设光谱分布是以 $k_0 = \dfrac{2\pi}{\lambda_0}$ 为中心的矩形函数：

$$i(k) = \begin{cases} i_0, & |k-k_0| < \Delta k/2 \\ 0, & |k-k_0| > \Delta k/2 \end{cases} \tag{2.46}$$

对式 (2.45) 积分后得到非单色光源的杨氏干涉分布为

$$I(\Delta L) = I_0 + i_0\int_{k_0-\Delta k/2}^{k_0+\Delta k/2}\cos(k\Delta L)\mathrm{d}k = I_0\left(1 + \frac{\sin\nu}{\nu}\cos k_0\Delta L\right) \tag{2.47}$$

式中，$\int_0^\infty i(k)\mathrm{d}k - I_0$；$v = \dfrac{\Delta k}{2}\Delta L$。从式(2.47)可见，非单色光照明下干涉场的衬比度为

$$\gamma(\Delta L) = \left|\frac{\sin v}{v}\right| = \left|\frac{\sin \dfrac{\Delta k}{2}\Delta L}{\dfrac{\Delta k}{2}\Delta L}\right| \tag{2.48}$$

图 2.19 给出了矩形谱分布的非单色场照明下的干涉场强及衬比度

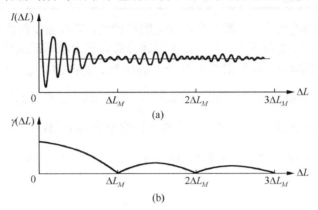

图 2.19　矩形谱分布的非单色场照明下的干涉场及衬比度

由式(2.48)可见，干涉场的衬比度随着 ΔL 而变化，当 $\Delta k \cdot \Delta L / 2 = \pi$ 时干涉场衬比度为 0，定义此时的光程差为最大光程差 ΔL_M：

$$\Delta L_M = 2\pi / \Delta k = \lambda^2 / \Delta\lambda \tag{2.49}$$

也就是说，在非单色光照明下，双孔到达场点 $P(x,y)$ 的距离差超过 ΔL_M 后干涉场衬比度接近 0。由式(2.49)可见，光源的单色性越好，ΔL_M 就越大。当 ΔL_M 一定时，有

$$k_0 \Delta L_M = k_0 \frac{d}{D}x = m \cdot 2\pi$$

此时对应的 m 为杨氏双孔干涉装置中可以观察到的最大的干涉级次。表 2.1 列出了不同光源照明下可获得的最大干涉级。

持续发光时间为 τ 的光波其波列长度 $l = c\tau$，由式(2.43)和式(2.44)可求出 τ 与 $\Delta\lambda$ 的关系为

$$\tau = \frac{1}{\Delta\nu} = \frac{1}{c}\frac{\lambda^2}{\Delta\lambda} \tag{2.50}$$

因此波列长度为

$$l = c\tau = \frac{\lambda^2}{\Delta\lambda} = \Delta L_M \tag{2.51}$$

可见，波列长度与最大光程差实质上来源于同一物理本质，即微观上光源发光的断续性(单次发光持续时间有限)引起的光源非单色性。

3. 时间相干性的概念

从以上衬比度与光谱宽度的关系看到光谱宽度影响干涉条纹的衬比度,这反映了光场的时间相干性。如图 2.20 所示,准单色点光源相继发射出一系列波列 a、b、c。图 2.20(a) 中,在 P 点处光程差 $\Delta L < \Delta L_M$,是同一波列的叠加,因此为相干叠加,P 点附近的区域可观察到干涉条纹;图 2.20(b) 中,在 P 点处由于光程差 $\Delta L > \Delta L_M$,非同一波列的叠加,因此是非相干叠加,不可观察到干涉条纹。

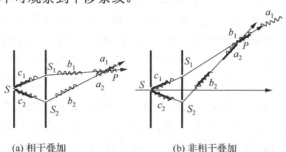

(a) 相干叠加　　　　　　　　　　　(b) 非相干叠加

图 2.20　波列长度有限导致的相干叠加和非相干叠加

因此,波列长度 l 以及与其对应的持续发光时间 τ 是决定光场纵向相干性的一个特征量,因此称 l 为相干长度(coherent length),τ 为相干时间(coherent time)。光场中这类相干性称为时间相干性(temporal coherence)。

在杨氏双孔干涉中,由于观察区域是在近轴区域,光程差较小,时间相干性对干涉条纹衬比度的影响不突出,而空间相干性对衬比度的影响较大。后面的章节中将会看到,迈克耳孙干涉仪等大光程差的分振幅干涉装置中,时间相干性对干涉条纹衬比度的影响较为突出,直接决定了迈克耳孙干涉仪的有效量程。

2.4　分振幅干涉

分振幅干涉法是一种采用分光元件将一束入射光分为两束光再实现相干叠加的方法,与分波前干涉法相比,分振幅干涉可以使用扩展光源提高干涉场的亮度,光能量利用充分,也便于放置待测物体,因此现代干涉仪器大多采用分振幅干涉法构建干涉装置。在日常生活中,我们也可以观察到许多分振幅干涉现象,如阳光照射下,肥皂泡或水面油膜等呈现出绚丽多彩的条纹就是由分振幅干涉造成的。在激光出现之前,人们是在很薄的膜层上观察到了分振幅干涉现象,因此分振幅干涉也被称为薄膜干涉(图 2.21)。

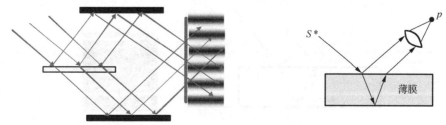

图 2.21　分振幅干涉

分振幅干涉按照实现方式不同又分为等倾干涉和等厚干涉两种,本节将介绍等倾干涉和等厚干涉条纹形成的原理，讨论分振幅干涉条纹的定域特点，介绍基于分振幅干涉原理的现代干涉测量仪器及其在科研、生产中的实际应用。

2.4.1　平行平板的等倾干涉

1. 干涉装置和干涉条纹特点

平行平板的等倾干涉装置如图 2.22(a)所示。使用扩展光源照明，分束镜将扩展光源发射出的光束反射到平行平板上，光束在平行平板上下界面反射后透过分束镜，经透镜汇聚后在焦平面上形成同心的干涉圆环。图 2.22(b)给出了这种干涉装置的原理图。假设平板厚度为 h，折射率为 n，其上下表面未镀膜，反射率远小于 1。面光源上一点 S 发出的光线 l 在平板的上表面形成反射光线 l_a 和折射光线 l_t，折射光线 l_t 在平板的下表面反射后又经上表面折射，形成透射光线 l_b。反射光线 l_a 和透射光线 l_b 经透镜聚焦在焦平面上的一点 P 叠加。点 S' 为扩展光源上的另外一点，同理，S' 必然也存在一条光线，当这条光线的入射角及方向与光线 l 相同时，经平板上下界面反射后形成的两条光线也能在 P 点叠加。这就是说，扩展光源上每一个点光源对于观察屏上点 P 处的叠加光场都有贡献，只要是以相同角度入射的光线在经过透镜聚焦，都会在焦平面上相同的位置 P 处叠加。

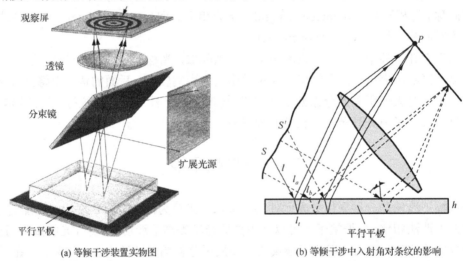

(a) 等倾干涉装置实物图　　　　　　(b) 等倾干涉中入射角对条纹的影响

图 2.22　薄膜上下表面相同反射方向的光波在透镜后焦平面相交叠加为等倾干涉

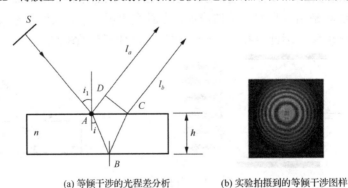

(a) 等倾干涉的光程差分析　　　　　(b) 实验拍摄到的等倾干涉图样

图 2.23　等倾干涉的光程差分析与实验拍摄到的等倾干涉图样

以角度 i_1 入射的光线经上下界面反射后，形成的两条光线在 P 点处叠加时，叠加场的强度主要由两条光线到达叠加场点的相位差决定，由图 2.23(a)所示，扩展光源上的点光源 S 发出的以角度 i_1 入射的光线经平行平板上下界面反射后，形成两条光线：反射光线 l_a 和透射光线 l_b。两条光线的光程差为

$$\Delta L(P) = n(\overline{AB} + \overline{BC}) - \overline{AD}$$
$$\Delta L(P) = 2nh\cos i \tag{2.52}$$

当平板厚度及折射率给定时，不同角度的入射光线对应不同的折射角 i，也就对应有不同的干涉光强度。折射角度 i_m 满足

$$\Delta L(P) = 2nh\cos i_m = m\lambda, \quad m = 0,1,2,\cdots \tag{2.53}$$

的光线形成的是亮条纹。

由式(2.53)和上述分析可知，在扩展光源照明平板、使用透镜焦平面作为观察屏构成的等倾干涉装置中，干涉条纹的分布仅与入射光线的方向有关，同一干涉亮环对应的是同一入射倾角的光线在焦平面上的叠加，正因如此，这种干涉称为等倾干涉。

2. Seelight 计算模型(2C1)

Seelight 软件计算模型设计中(图 2.24)，采用点光源，通过分束器模块模拟薄膜上下表面反射光，通过合束器模块模拟两束光的相干叠加。图 2.25 给出两种不同薄膜厚度时的计算结果，随着薄膜厚度增加，干涉条纹变密。

由式(2.53)经过计算可以得到等倾干涉条纹的间距及级次，当厚度 h 给定时，越靠近中心处，入射角 i 越小，光程差越大，条纹级次 m 越高。靠近中心处的干涉条纹较疏，而其外沿较密。

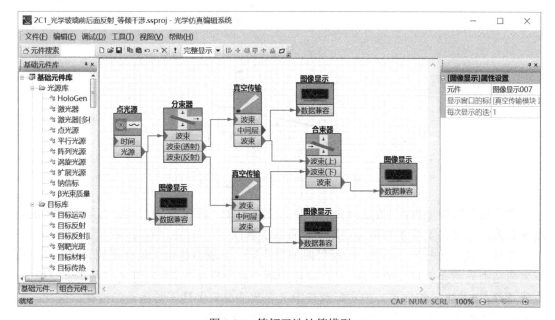

图 2.24　等倾干涉计算模型

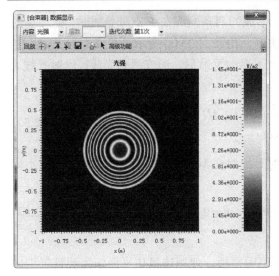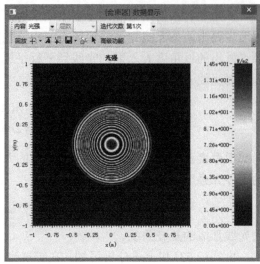

图 2.25　两种薄膜厚度时的等倾干涉计算结果

2.4.2　楔形板的等厚干涉

1. 干涉装置和条纹特点

楔形板是由夹角为 α 的两个平面构成的，如图 2.26 所示。平行光照射在楔形板表面形成的等厚干涉条纹分布。上下表面反射光的光程差的计算方法与等倾干涉计算相同，计算公式也相同：

$$\Delta L_0(P) \approx 2nh\cos i \tag{2.54}$$

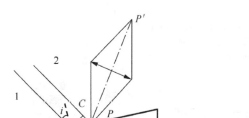

图 2.26　等厚干涉的光程差计算

平行光照明楔形板，入射角 i 是一定的，则各点处干涉条纹的明暗只与该点对应的厚度 h 有关，是这种干涉条纹称为等厚干涉条纹的原因。

当然，实际上光在上下表面的反射时情况不同：上表面是由光疏介质到光密介质，而下表面是由光密介质到光疏介质，光在这样的两个界面反射时，两反射光束存在半波损失，也就是存在π的附加相位差，但实际测量中大多数情况只关注干涉条纹的变化，因此一般不考虑半波损失，在等倾干涉计算中也采用相同处理方法。

干涉条纹中，相邻两个亮条纹对应点处的楔形板厚度相差 $\lambda/(2n)$，这是干涉精密测量中应用最多的结论，条纹每移动或变化一次，楔形板或薄膜的厚度改变 $\lambda/(2n)$。

2. 计算模型（2C2）

楔形薄膜上下表面反射光相干叠加计算模型设计如图 2.27 所示，模型包含平行光源模块、光束调制器模块（调制器模块调制光束形态）、分束器模块（模拟薄膜上下表面反射光）、可调倾斜镜模块（调制光束倾斜度模拟楔形板倾角）和合束器模块，模拟楔形板上下表面反射光束的相干叠加。图 2.28 给出了不同条件下的仿真计算结果，图 2.28（a）是方形光束干涉条纹，图 2.28（b）和图 2.28（c）给出了圆形光束干涉条纹，图 2.28（c）模拟楔形板的倾斜角是图 2.28（b）的 1.5 倍，其干涉条纹变密。

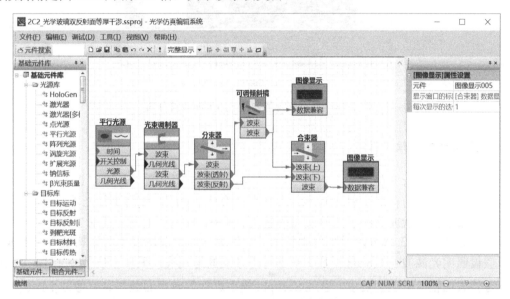

图 2.27　楔形板上下表面反射光相干叠加模拟计算模型

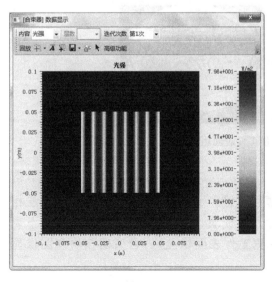

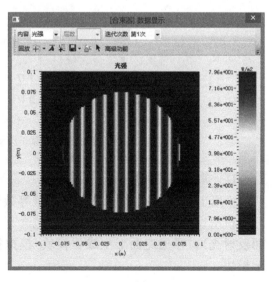

(a)　　　　　　　　　　　　　　　　　　　(b)

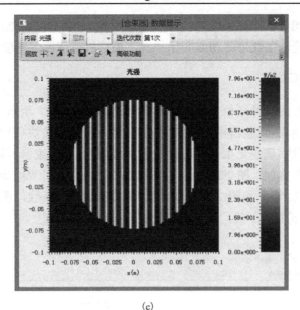

(c)

图 2.28　不同倾斜角条件下的干涉条纹分布

3. 等厚干涉条纹应用

测量机械零件表面粗糙度。如图 2.29 所示，将待测工件置于标准平板下方，工件表面有微小的起伏，与标准平板之间形成厚度不等的空气间隙，使用平行光垂直照明工件，所得干涉条纹的形状就反映了工件表面的起伏。例如，机械加工图上要求工件的某一平面表面最大起伏小于 3.2 μm，但如何确认加工后的零件达到图纸要求呢？构建等厚干涉装置，假设照明光源波长 0.6 μm，那么观察等厚条纹的等高线，只要条纹数小于 10 个就可判断零件表面粗糙度达到要求。通过 Seelight 模型进行等效平面波与具有像差平面波的叠加模拟。

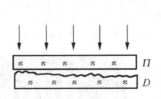

图 2.29　等厚干涉测量工件表面粗糙度

1）计算模型（2C3）

模拟工件表面粗糙度干涉法测量等效薄膜干涉，计算模型与楔形板干涉方法相同，模型设计如图 2.30 所示，模型包含平行光源模块、分束器模块（模拟薄膜上下表面反射光）、泽尼克面形生成器模块（模拟待测工件表面像差）、合束器模块和图像显示模块。

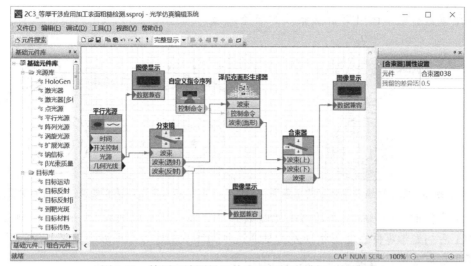

图 2.30　等厚干涉测量工件表面粗糙度模拟计算模型

2) 计算结果(1)

待测工件表面粗糙度通过泽尼克面形生成器模拟，图 2.31 给出了不同像差条件下的干涉条纹，通过干涉条纹评估工件像差分布情况。

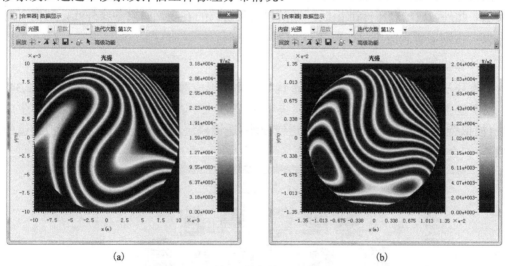

(a)　　　　　　　　　　　　　(b)

图 2.31　两种相位差条件下干涉条纹分布

4. 牛顿环法测量镜面曲率半径和表面形状误差

曲率半径较大的透镜置于标准平板上，平行光垂直照射下形成以接触点为圆心的同心圆环干涉条纹，通过干涉条纹可以测量透镜曲率半径，如图 2.32 所示。透镜与平板密接，半径 R 与第 m 级暗环半径 r_m，以及对应的空气间隙厚度为 h_m 满足

$$\begin{cases} 2h_m = m\lambda \\ r_m{}^2 = (2R - h_m)h_m \approx 2Rh_m \end{cases} \tag{2.55}$$

得到

$$r_m = \sqrt{mR\lambda} = \sqrt{m}r_1, \quad r_1 = \sqrt{R\lambda} \tag{2.56}$$

使用读数显微镜读出第 m 级条纹的半径 r_m 就可通过式(2.56)求出透镜曲率半径。

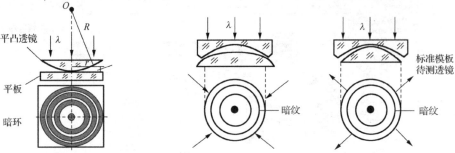

图 2.32　牛顿环法测量透镜曲率半径的示意图　　　图 2.33　牛顿环法测量透镜表面形状误差

光学零件的表面形状误差通常用光圈数 N 和光圈局部不规则数 ΔN 来表示。加工过程中和加工后的光学零件表面形状误差就是通过牛顿环法构建等厚干涉装置来测量的。图 2.33 给出了牛顿环法测量透镜表面形状误差的示意图。

光学表面研磨加工过程中需要不定时地检查工件的表面形貌，最简单的方法是使用具有标准曲率半径的光学透镜(标准模板)置于工件之上，用人眼在日光灯照明下即可观察到条纹数，即光圈数 N。光圈数每差一个，工件与标准板之间的厚度相差 $\lambda/2$。

假设普通精度的光学加工要求光圈数 $N<3$，通过观察光圈数就可判断加工是否达到精度要求。此外，通过轻压标准模板，可以观察到条纹的吞吐，如果条纹外吐，则需研磨工件中央，否则需研磨两边，如图 2.33 所示。

1)计算模型(2C4_1)

牛顿环法测量镜面曲率半径等效透镜与平面镜形成薄膜干涉，计算模型如图 2.34 所示。模型包含平行光源模块、分束器模块(模拟薄膜上下表面反射光)、泽尼克面形生成器模块(模拟待测工件表面像差)、理想透镜模块(透镜模块与泽尼克模块结合模拟透镜的加工像差)、合束器模块和图像显示模块。

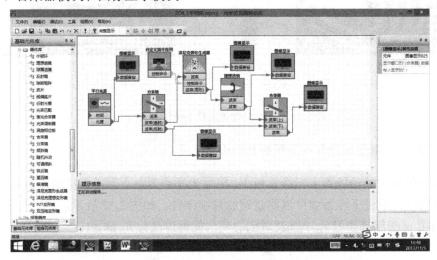

图 2.34　牛顿环法测量镜面曲率半径等效透镜与平面镜形成薄膜干涉

2)计算结果(2)

透镜无像差时，牛顿环是以中心对称的理想环，如图 2.35 所示，在不同曲率条件下，牛顿环密度不同，如图 2.35(a)和图 2.35(b)所示，图 2.35(a)的曲率半径小于图 2.35(b)。当透镜存在像差时，牛顿环发生畸变，如图 2.35(c)和图 2.35(e)所示，图 2.35(d)和图 2.35(f)分别是与图 2.35(c)和图 2.35(e)对应的像差面形。

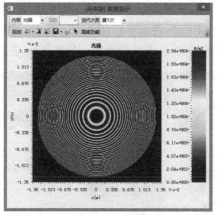

(a)无像差条件下的牛顿环

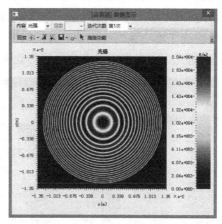

(b)曲率半径较大时的牛顿环

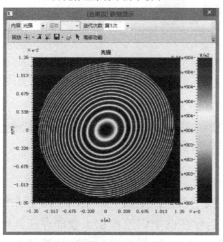

(c)存在像散时的牛顿环

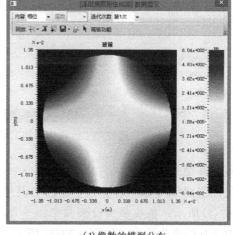

(d)像散的模型分布

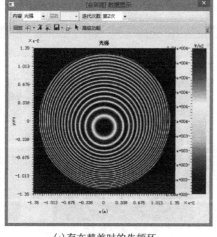

(e)存在彗差时的牛顿环

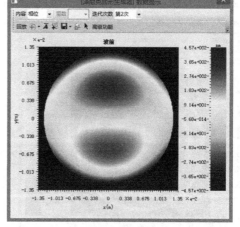

(f)彗差模型分布

图 2.35　不同曲率条件下和不同像差条件的牛顿环分布以及与之对应的像差面形

3) 透镜加工过程模型定性检测

透镜加工过程中和加工后的表面形状误差检测, 通过牛顿环法构建等厚干涉装置来测量的, 利用图 2.33 所示的方法, 使用具有标准曲率半径的光学透镜(标准模板)置于工件之上, 用人眼在日光灯照明下即可观察到条纹数, 给出了牛顿环法测量透镜表面形状误差的示意图。图 2.36 给出了这一检测过程计算仿真模型。模型与牛顿环曲率半径测量计算模型(2C4_1)类似, 只参考光束由将平面镜产生的平行光束换为标准曲率半径光学透镜, 如图 2.36 所示。

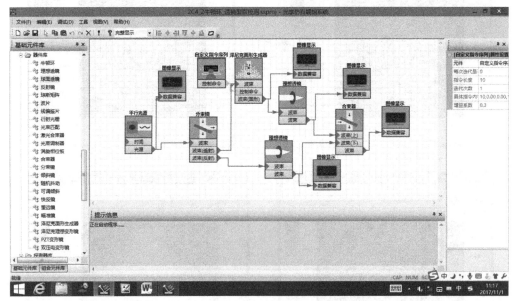

图 2.36　透镜加工过程中和加工后的表面形状误差检测计算仿真模型

4) 计算结果(2)

当加工透镜与标准透镜只存在曲率误差时, 其干涉条纹是以光轴对称的圆形条纹, 如图 2.37(a)所示, 条纹多少反映曲率误差大小。当存在曲率误差和加工表面存在其他像差时, 干涉条纹产生畸变, 如图 2.37(b)所示, 图 2.37(b)中加工透镜与标准透镜的曲率误差与图 2.37(a)相同, 同时加工透镜表面存在如图 2.37(c)所示的像差。

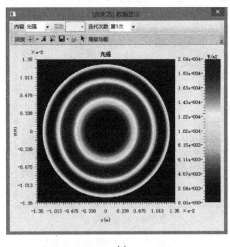

(a)

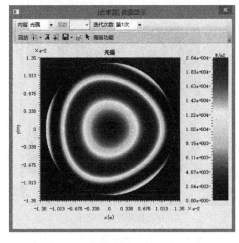

(b)

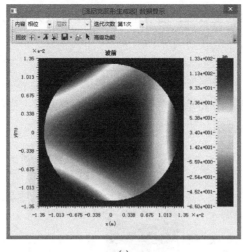

(c)

图 2.37　不同像差条件下加工透镜与标准透镜间形成的干涉条纹

2.5　干涉仪及其应用

2.5.1　迈克耳孙干涉仪

1881 年，迈克耳孙(Michelson)为研究光速问题，巧妙地设计了一种分振幅干涉装置，其光路图如图 2.38 所示。扩展光源发出的光波被分束镜 O 分成两束，光束 2 到达镜面 M_2 后反射，再次通过 O，经透镜后到达观察屏；光束 1 经过补偿镜 C 到达 M_1 反射后再次通过补偿镜 C，经 O 的前表面反射后同样通过透镜到达观察屏。观察该光路可以发现，M_1 经 O 所成的像 M_1' 在 M_2 附近，光束 1 和光束 2 在观察屏上的干涉条纹就可等效为 M_2 和 M_1' 之间的空气薄膜形成的等倾干涉条纹(当 M_2 与 M_1' 平行时)或等厚干涉条纹(当 M_2 与 M_1' 不平行时)。这就是迈克耳孙干涉仪的原理。

迈克耳孙干涉仪的特点是，其光源、两个反射面、接收面在空间上是分开的，因此便于在光路中安插其他器件，这就为精密检测提供了方便的平台。迈克耳孙干涉仪是一种典型的双光束分臂干涉仪，在物理学的发展史上起着重要的作用，有着广泛的应用，许多分臂式干涉仪都是在迈克耳孙干涉仪的基础上发展起来的。

实际的迈克耳孙干涉仪中，镜面 M_1 和 M_2 的倾角和位置可以通过精密调节镜架来调节。补偿镜 C 的作用是补偿光束 1 和光束 2 由于通过分光镜 O 的次数不同而产生的附加光程差。如果光源是准单色光，相干长度大，补偿镜 C 就不是必需的了。现代光学实验通常使用激光作为光源，由于激光的发散角很小，等效等倾干涉中的倾角 i_m 变化范围很小，由等倾条纹公式($\Delta L(P) = 2nh\cos i_m = m\lambda, m = 0,1,2,\cdots$)可知，采用激光光源观察到的等倾干涉条纹的数目较少，干涉图样不够丰富，可以使用毛玻璃使激光束发散角度变大以便得到环数较多的干涉图样。图 2.39 给出了 M_2 与 M_1' 平行产生的等倾干涉图样变化的实验观察结果。当 M_2 与 M_1' 平行时，通过平移 M_2，可以调节等效空气膜层的厚度。由式(2.53)或式(2.54)可分析图 2.39 的变化。对于同一级条纹 m，空气膜层厚度 h 减小，m 不变，对应

的 i_m 必然减小，因此条纹向里收缩；随着空气膜层厚度减为 0，无干涉条纹；接着随着空气薄膜增厚，条纹向外扩展。等倾干涉的条纹角间隔为

$$\Delta i = \frac{\lambda}{2nh\sin i}$$

当厚度减小时，角间隔 Δi 将增大，因此条纹间隔增大时；当折射角增大时，对应的条纹角间隔减小，如图 2.39 所示。

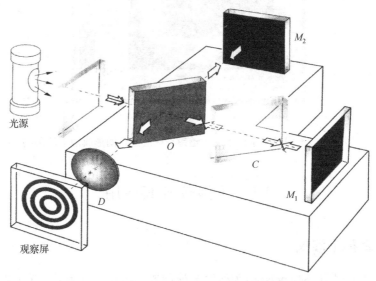

图 2.38   迈克耳孙干涉仪光路图

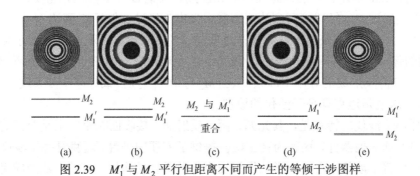

图 2.39 M_1' 与 M_2 平行但距离不同而产生的等倾干涉图样

由图 2.40 可以观察到空气楔厚度不同情况下的等厚干涉条纹的变化规律。

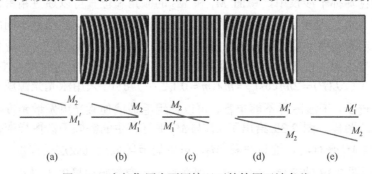

图 2.40   空气楔厚度不同情况下的等厚干涉条纹

1. 迈克耳孙等倾干涉计算模型(2E1_1)

迈克耳孙等倾干涉计算模型如图 2.41 所示，包含激光器模块、分束器模块(模拟薄膜上下表面反射光)、透镜模块(模拟球面波相位)、可调倾斜镜模块、真空传输模块、合束器模块和图像显示模块。模型中激光光源模块产生激光束，激光束通过分束器模块(模拟薄膜上下表面反射光)，其中一束通过透镜使平行光产生球面波相位，另一束平行光通过倾斜可调模块，模拟反射镜间的倾斜影响，这两束光通过合束器模块合束，形成干涉条纹。

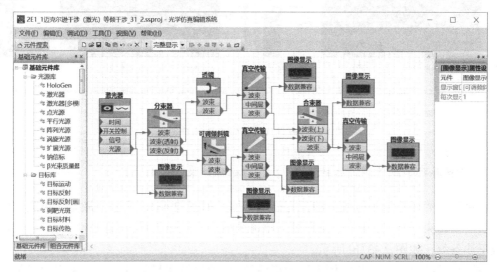

图 2.41　迈克耳孙等倾干涉计算模型

通过 2E1_1 模型模拟迈克耳孙干涉仪等干涉，如图 2.42 所示。图 2.42(a)给出了模拟迈克耳孙干涉仪中两块反射镜等效的上下表面严格平行，干涉条纹为对称圆环形状。图 2.42(b)和图 2.42(c)给出了模拟迈克耳孙干涉仪中两块反射镜等效的上下表面不平行，干涉条纹为不对称圆环形状，两块反射镜等效的上下表面不平行通过倾斜模块模拟。

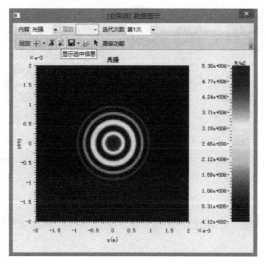

(a)

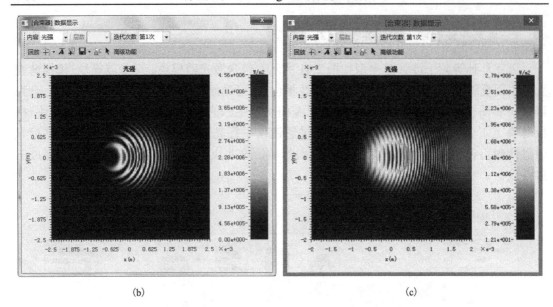

图 2.42　迈克耳孙等倾干涉计算结果

2. 迈克耳孙等厚干涉计算模型 (2E2_2) 与模拟结果

迈克耳孙等厚干涉与等倾干涉计算模型相似，如图 2.43 (a) 所示，激光光束通过分束器模块产生两束平行光，其中一束通过倾斜可调模块产生倾斜量，再通过合束器模块合束，形成干涉条纹，如图 2.43 (b) 所示。

在迈克耳孙等厚干涉与等倾干涉计算模型中，通过透镜模块使其中一束平行光附加上点光源球面波信息，可以模拟非理想平行光条件下的等厚干涉 (2E2_3)，如图 2.44 所示。图 2.44 (a) 为计算模型，图 2.44 (b) 和图 2.44 (c) 为不同倾斜方向的等厚干涉条纹的变化比较。

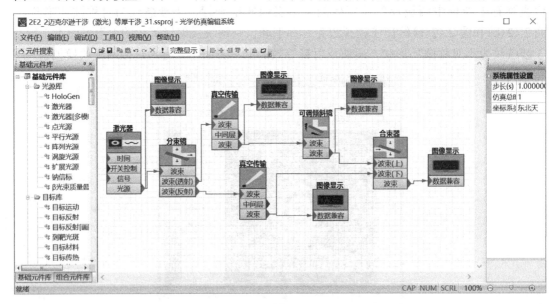

(a)

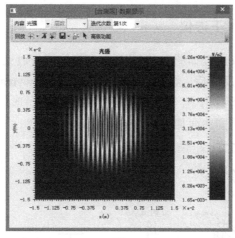

(b)

图 2.43　迈克耳孙等厚干涉与等倾干涉计算模型与模拟计算结果

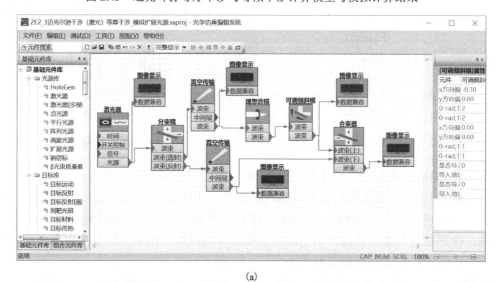

(a)

　　　(b)　　　　　　　　　　　　　　　　　　(c)

图 2.44　非平行条件下迈克耳孙等厚干涉计算模型与仿真结果

2.5.2　Twyman-Green 干涉仪

Twyman-Green 干涉仪原理如图 2.45(a)所示，其结构与迈克耳孙干涉仪类似，平行光束通过分束镜，通过两臂反射后，再聚合产生干涉条纹。Twyman-Green 干涉仪主要应用于结构镜面精度检测，实际应用中，其中一臂反射镜由标准面形与待测镜组合反射面代替，如图 2.45(b)所示，实现不同曲面加工精度的测量。

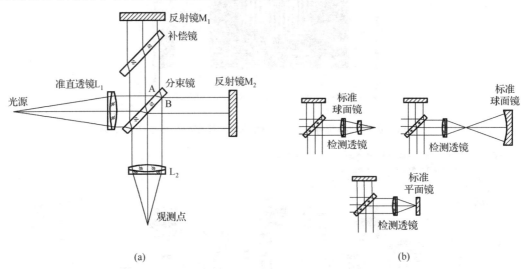

图 2.45　(a)Twyman-Green 干涉仪原理图和反射镜 M_2 可以由标准面形与待测镜组合反射面代替的结构示意图

Twyman-Green 干涉仪仿真计算模型(2E3_2)与计算结果如下。

Twyman-Green 干涉仪模拟计算模型与迈克耳孙计算模型相似，如图 2.46 所示，模型中通过分束镜模块分光，Twyman-Green 干涉仪的两臂分别为平行光传输和两个透镜合成光传输，待测透镜的像差通过泽尼克面形生成器模块模拟，两束光通过合束器模块合束，形成干涉条纹，模拟结果如图 2.47 所示。

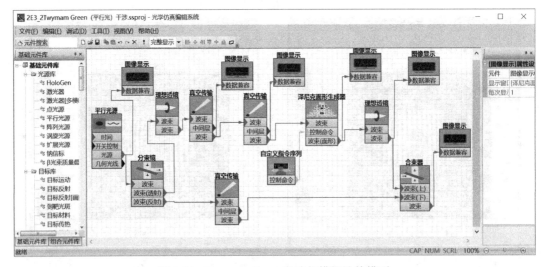

图 2.46　Twyman-Green 干涉仪模拟计算模型

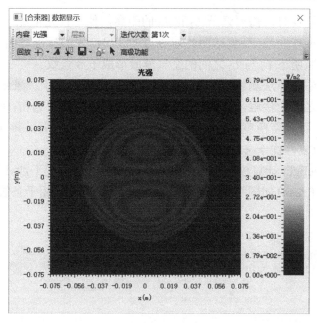

图 2.47　Twyman-Green 干涉仪模拟透镜像差测量的模拟计算结果

2.5.3　菲索干涉仪

菲索(Fizeau)干涉仪用于光学零件面形精密测量的仪器，其原理与等厚干涉相同，如图 2.48 所示。通过一定的光路设计，菲索干涉仪可以实现对面形高精度测量，图 2.48 分别给出了平面和球面光学元件测量光路原理图。激光束经过扩束镜 L_0、针孔滤波器 D_1 和准直透镜 L 后成为平行光。图 2.48(a)中标准平面 M_1 与待测光学表面 M_2 之间形成的空气膜层经垂直入射的平行光照明下形成等厚干涉条纹。光阑 D_2 为探测平面，此处放置成像系统对空气薄膜处的等厚干涉条纹成像并用高分辨率的 CCD 记录干涉条纹图。

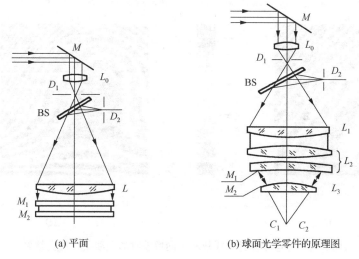

(a) 平面　　　　　　　　　　(b) 球面光学零件的原理图

图 2.48　菲索干涉仪测量

　　测量球面光学零件时，需要调节 I_2 和 I_1 的距离，使平行光束经组合透镜组后形成与待测球面接近的标准球面波。待测球面的球心与干涉仪产生的标准球面波球心重合。这样，在垂直入射的光束照明下 L_1 与 L_2 之间的空气薄膜形成干涉条纹。

　　菲索干涉仪与牛顿环法测量球面曲率半径相比，其优点在于：采用非接触测量方法，待测零件与标准板之间无接触，可避免零件和样板表面被污染或划伤；通过光路结构设计，提高了测量精度。目前高精度的菲索干涉仪对面形测量技术指标其 PV 值重复性优于 $\lambda/300$，RMS 值重复性优于 $\lambda/10000$，系统分辨率>$\lambda/8000$。

　　菲索干涉仪 Seelight 计算模型，与牛顿环法测量方法或薄膜干涉计算模型相同。集成模拟计算模块(2E4fizeau)如图 2.49(a)所示；存在不同像差时的相干条纹分布，如图 2.49(b)和图 2.49(c)所示。

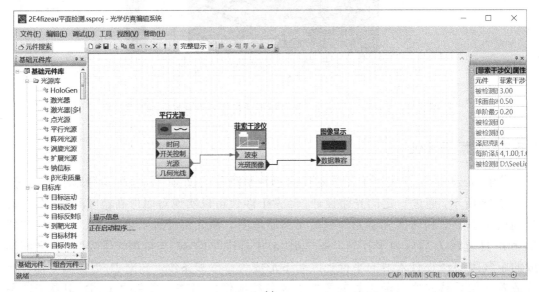

(a)

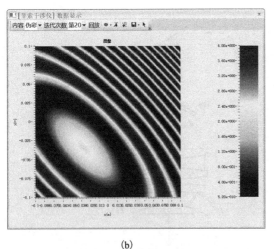

(b)

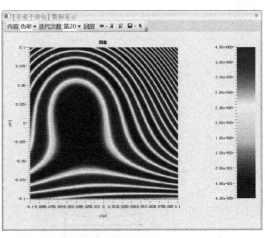

(c)

图 2.49　菲索干涉计算模块和不同像差时的干涉条纹仿真结果

2.6　多光束干涉

现代光电技术中，多层介质高反膜、增透膜、窄带滤波片、超精细光谱分析、激光器选频技术的实现等都包含着多光束干涉现象。与双光束干涉相比，多光束干涉有许多新的特点。

2.6.1　平行平板的反射多光束干涉和透射多光束干涉

1.　多光束干涉场的实现

如图 2.50 所示，折射率为 n 的透明平板厚度为 h，置于折射率为 n_1 的介质中，以入射角 i 入射的光束将在平板上下界面发生多次反射和透射。使用透镜将多束透射光或反射光聚焦，在焦平面上将发生多光束干涉。下面分析反射光和透射光的多光束干涉场分布特点。

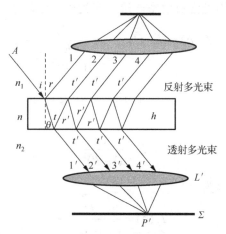

图 2.50　多光束干涉装置原理图

设入射光在 n_1 与 n 界面(平板上表面)的振幅反射率为 r，透过率为 t，在 n 与 n_1 界面(平板下表面)振幅反射率为 r'，透过率为 t'，按照斯托克斯倒逆关系：

$$r = -r'$$
$$tt' + r^2 = 1$$

反射多光束和透射多光束的复振幅为

反射多光束：　　　　透射多光束：

$$\tilde{U}_1 = rA_0 = -r'A_0 \qquad \tilde{U}_1' = tt'A_0$$
$$\tilde{U}_2 = r'(tt')e^{i\delta}A_0 \qquad \tilde{U}_2' = r'^2(tt')e^{i\delta}A_0$$
$$\tilde{U}_3 = r'^3(tt')e^{i2\delta}A_0 \qquad \tilde{U}_3' = r'^4(tt')e^{i2\delta}A_0$$
$$\tilde{U}_4 = r'^5(tt')e^{i3\delta}A_0 \qquad \tilde{U}_4' = r'^6(tt')e^{i3\delta}A_0$$
$$\vdots \qquad\qquad\qquad \vdots$$

式中

$$\delta = \frac{2\pi}{\lambda} 2nh\cos\theta \tag{2.57}$$

为相位因子。各次透射的多光束之间为等比级数，公比为 $r'^2 e^{i\delta}$；各次反射光束之间，除去 $\tilde{U}_1$ 外也是等比级数，公比为 $r'^2 e^{i\delta}$。当反射率远小于 1 时，$tt' \approx 1$，因此前两次反射光的振幅接近，此后各次反射光的振幅远小于前两次反射光的振幅，在这种情况下可以只考虑前两束反射光而忽略其他反射光对相干叠加场的贡献，这是薄膜干涉情况。在高反射率条件下，$r \approx 1$，$tt' \ll 1$，此时透射多光束的干涉场条纹衬比度很高。

2. 多光束干涉场的光强分布特点

由等比级数求和可以得到透射多光束的干涉场：

$$\tilde{U}_T(\delta) = \sum_{j=1}^{\infty} \tilde{U}_j' = \quad \tilde{U}_T(\delta) = \frac{1-R}{1-Re^{i\delta}} A_0 \tag{2.58}$$

式中，$R = r^2 = r'^2$ 为界面的光强反射率。透射多光束干涉场强：

$$I_T(\delta) = \tilde{U}_T \cdot \tilde{U}_T^* = \frac{I_0}{1 + \frac{4R}{(1-R)^2}\sin^2\frac{\delta}{2}} \tag{2.59}$$

在多光束干涉装置中，经常使用精细系数(coefficient of fineness) F 来描述干涉场强度特点：

$$F = \frac{4R}{(1-R)^2} \tag{2.60}$$

则透射多光束干涉场强可写为

$$I_T(\delta) = \frac{I_0}{1 + F\sin^2\frac{\delta}{2}} \tag{2.61}$$

根据光功率守恒可以由透射场强得到反射场强：

$$I_R(\delta) = I_0 - T_T = \frac{F\sin^2(\delta/2)}{1 + F\sin^2(\delta/2)} I_0 \tag{2.62}$$

图 2.51 给出了不同光强反射率情况下的透射多光束干涉场强与相位差 δ 的关系曲线。由图可见，随着反射率的增加，光强尖峰越来越尖锐。当 $R=0.87$ 时，光强最小值与最大值之比约等于 0.001。此时，若观察反射多光束干涉场，则可以想象此时背景几乎是一片明亮，其中存在的细的暗纹往往淹没在亮背景中。因此，多光束干涉装置中很少使用反射光干涉场，一般使用透射光干涉场进行测量。图 2.52 给出了集成化多光束干涉计算模块，假设光源中有三个波长的光波，当反射率分别为 0.1 与 0.9 时的模拟结果，不同输入参数可以看到干涉条纹满足式(2.61)的变化规律，如当改变反射率增大时，条纹变锐，如图 2.52(b)和(c)所示。

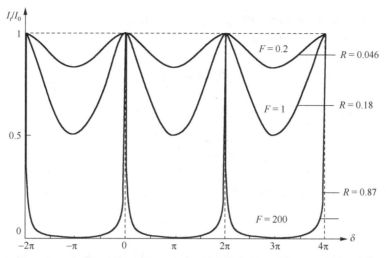

图 2.51　不同光强反射率情况下的透射多光束干涉场强与相位差 δ 的关系

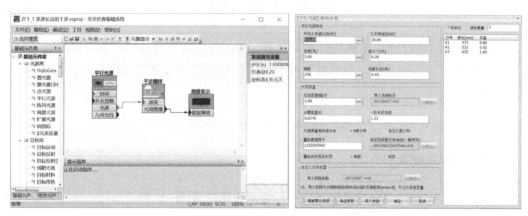

(a) 平行平板的透射多光束干涉条纹计算模块(2F1 模块)

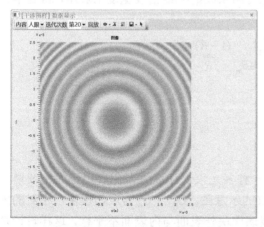

(b) 反射率 $R=0.15$ 时透射多光束干涉条纹

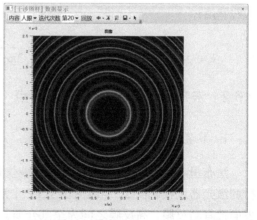

(c) 反射率 $R=0.9$ 时透射多光束干涉条纹

图 2.52　集成化多光束干涉计算模块

多光束干涉场亮条纹锐度的定量描述，一般采用干涉条纹的半强度对应的宽度，即半宽度来度量较为方便。半宽度就是指亮环强度下降到原来的一半对应的相位，对于整序数 n 来说，强度等于其峰值一半的两个位置位于：

$$\delta = 2n\pi \pm \frac{\varepsilon}{2} \qquad (2.63)$$

代入式(2.61)，得到

$$\frac{1}{1+F\sin^2\dfrac{\varepsilon}{4}} = \frac{1}{2} \qquad (2.64)$$

在 R 较大时，F 远大于 ε，可得到

$$\varepsilon \approx \frac{4}{\sqrt{F}}\,\mathrm{rad} \qquad (2.65)$$

相邻亮条纹相位间隔为 2π，定义相邻亮条纹间隔与半宽度之比为条纹精细度 $\mathbb{F}$：

$$\mathbb{F} = \frac{2\pi}{\varepsilon} = \frac{\pi\sqrt{F}}{2} = \frac{\pi\sqrt{R}}{1-R} \qquad (2.66)$$

由式(2.66)也可看到，光强反射率 R 越接近 1，亮条纹宽度越窄，条纹越细锐。

对于理想单一谱线光波，亮条纹宽度也可用条纹的半角度宽度来表示，根据式(2.57)和式(2.59)有

$$\frac{\varepsilon}{2} = \frac{1}{2}\Delta\left(\frac{2\pi}{\lambda}2nh\cos\theta\right) = \frac{2\pi}{\lambda}nh\sin\theta\,\Delta\theta$$

亮条纹的半角度宽度为

$$\Delta\theta_{\mathrm{m}} \approx \frac{\lambda}{2\pi nh\sin\theta_m}\frac{(1-R)}{\sqrt{R}} = \frac{\lambda}{2nh\sin\theta_m}\frac{1}{\mathbb{F}} \ (\mathrm{rad}) \qquad (2.67)$$

对于有一定谱线宽度的光，亮条纹宽度也可用条纹的半值谱线宽度来表示，得到半值谱线宽度：

$$\Delta\lambda_m \approx \frac{\lambda^2_{\,m}}{2\pi nh\cos\theta_m}\frac{(1-R)}{\sqrt{R}}$$

2.6.2 法布里-珀罗干涉仪及其特点

1. 装置特点

法布里-珀罗(Fabry-Perot，FP)干涉仪是一种多光束干涉装置，主要用于超精细谱分析和激光器选模。图 2.53(a)给出了 FP 干涉仪的示意图。G_1 与 G_2 为玻璃楔块，相对的内表面镀有高反膜，高反膜之间为空气介质。玻璃楔块外表面与内表面不平行，这样设计是为了使玻璃楔块 G_1、G_2 内发生的多次反射光不致影响到透射多光束干涉场。使用扩展光源照明，并置于透镜 L 的焦平面上，这样扩展光源上任一点源发出的光经透镜后变为具有一定入射角的平行光。透镜 L 收集各个角度入射的多光束，在焦平面上形成非常细锐的环状等倾干涉条纹，如图 2.53(b)所示(通过 Seelight 计算结果)。

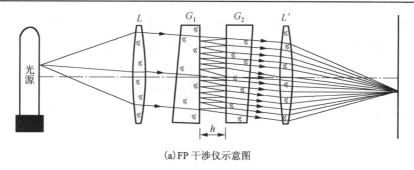

(a) FP 干涉仪示意图

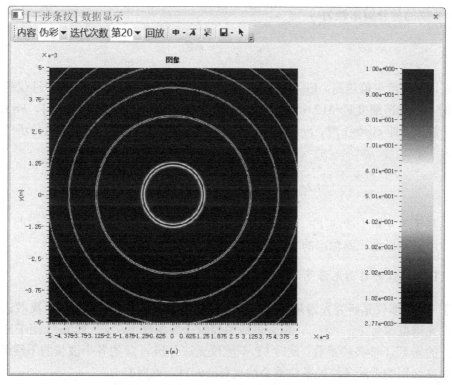

(b) FP 透镜多光束形成的干涉条纹的仿真结果

图 2.53 FP 干涉仪示意图与 FP 透镜多光束形成的干涉条纹的仿真结果

2. FP 干涉仪的光谱分辨本领

FP 干涉仪的一个重要的用途就是进行光谱测量，因此光谱分辨本领(或称为分辨率)是 FP 干涉仪的重要性能指标。

假设光谱只有双线谱 λ_1、λ_2，$|\lambda_1 - \lambda_2| \ll \lambda_1$，则使用 FP 干涉仪得到的干涉图样有两套干涉环。现在考察两个波长分别形成的第 m 级干涉环之间的角间隔。由 $2nh\cos\theta_m = m\lambda$ 可得到波长改变 $\delta\lambda$ 对应的角度改变量：

$$\delta\theta \approx \frac{m\delta\lambda}{2nh\sin\theta_m} \tag{2.68}$$

根据瑞利判据，当 $\delta\theta$ 大于亮条纹半值角宽度 $\Delta\theta_m$ 时，双光谱形成的两套条纹之间可以分辨，令 $\delta\theta = \Delta\theta_m$ 为可分辨的临界角，则求出可分辨的最小波长间隔：

$$\delta\lambda_m \approx \frac{\lambda}{\pi m}\frac{1-R}{\sqrt{R}} = \frac{\lambda}{m}\frac{1}{\mathbb{F}} \tag{2.69}$$

FP 干涉仪用于光谱测量的一个重要技术指标是它的色分辨本领，其定义为

$$Rc = \frac{\lambda}{\delta\lambda_m} \tag{2.70}$$

故 FP 干涉仪的色分辨本领为

$$Rc = \frac{\lambda}{\delta\lambda_m} = m\mathbb{F} \tag{2.71}$$

可见，精细度 $\mathbb{F}$ 值越高，FP 干涉仪的色分辨本领越大。例如，当 FP 干涉仪的反射率 $R=0.99$ 时，条纹精细度 $\mathbb{F}=312.6$，对于中心波长 550nm 左右的光谱，取 $n=1$，$h=5$mm，m 取最大干涉级，即 $\cos\theta=1$ 时，$m= 2nh/\lambda$，根据式(2.69)可以计算出此时可以分辨的最小波长间隔为

$$\delta\lambda_{\min} = \frac{\lambda}{m\mathbb{F}} = \frac{\lambda^2}{2nh\mathbb{F}} = 0.000096\text{nm} \tag{2.72}$$

可见基于多光束干涉的 FP 干涉仪用于光谱测量具有极高的分辨本领，因此 FP 干涉仪也经常用于测量激光器输出的多个纵模谱线。

3. FP 干涉仪的自由光谱范围

由于 FP 干涉仪是研究光谱超精细结构的有效工具，测量对象多为具有离散谱线的光源，假设光谱范围为 $\lambda_{\min} \sim \lambda_{\max}$，那么形成的等倾干涉条纹中，$\lambda_{\min}$ 的 $m+1$ 级干涉条纹可能与 $\lambda_{\max}$ 的 m 级干涉条纹重叠，此时 FP 干涉仪无法分辨 m 级的各个波长的干涉条纹，这里考虑最高级别的干涉条纹处条纹重叠情况($\cos\theta=1$)，此时有

$$m\lambda_{\max} = (m+1)\lambda_{\min} = 2nh$$

得到

$$\lambda_{\max} - \lambda_{\min} \approx \frac{\overline{\lambda}}{m} \approx \frac{\overline{\lambda}^2}{2nh} \tag{2.73}$$

式中，$\overline{\lambda} = \frac{\lambda_{\max} + \lambda_{\min}}{2}$；$m\overline{\lambda} \approx 2nh$。称 $\lambda_{\max} - \lambda_{\min}$ 为自由光谱范围，对于给定的 n、h，自由光谱范围是固定的，若入射光谱超过这一范围，FP 干涉仪就无法进行超精细谱的分辨。还是采用式(2.72)计算中的参数，取中心波长 550nm，取 $n=1$，$h=5$mm，得到这样一个 FP 干涉仪可测的自由光谱范围 $\lambda_{\max} - \lambda_{\min}$ 仅有 0.03nm。

由式(2.73)可见，FP 越短，自由光谱范围越大，但由式(2.67)可见，此时干涉条纹的宽度增加，又会降低 FP 干涉仪的分辨率，说明量程增加不可避免地会带来分辨率或测量精度的下降。

实际上，比较式 (2.72) 和式 (2.73) 可以发现，FP 干涉仪用于光谱测量时，可测的自由光谱范围 $\lambda_{\max} - \lambda_{\min}$ 与可分辨的光谱最小波长间隔 $\delta\lambda_m$ 关系为

$$\frac{\lambda_{\max} - \lambda_{\min}}{\delta\lambda_{\min}} = \mathbb{F} \tag{2.74}$$

可见，FP 干涉仪的精细度 $\mathbb{F}$ 值决定了可测波长范围与光谱分辨率的比例。

2.6.3　多光束干涉的应用

1. 激光器选频

如图 2.54 所示，平行光正入射 FP 腔，此时观察屏上各个位置处的光程差都相等，因此尽管是多光束的相干叠加，但不会显示出明暗相间的干涉条纹。在这种特殊情况下，满足

$$2nh = m\lambda_m \tag{2.75}$$

的一系列波长 λ_m 由于相干叠加而增强，这样 FP 腔就可以将入射的连续谱变为透射光的准分立谱 λ_m，这就是 FP 腔的选频作用。由式 (2.75) 可以得到这些准分立谱的波长与频率为

$$\lambda_m = \frac{2nh}{m}$$

$$\nu_m = \frac{c}{\lambda_m} = m\frac{c}{2nh}$$

透射谱的频率间隔为

$$\Delta\nu = \frac{c}{2nh}$$

被选中的谱线的谱宽为

$$\Delta\lambda_m \approx \frac{\lambda_m^2}{2\pi nh}\frac{1-R}{\sqrt{R}} \quad \text{或} \quad \Delta\nu_m \approx \frac{c}{2\pi nh}\frac{1-R}{\sqrt{R}} \tag{2.76}$$

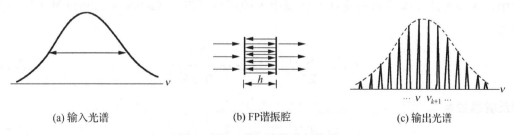

(a) 输入光谱　　　　　　　　(b) FP谐振腔　　　　　　　　(c) 输出光谱

图 2.54　FP 谐振腔的选频作用

激光增益介质中往往存在多个激光振荡能级，或由于各种谱线加宽的原因激光增益介质的谱线宽度较大，此时可用 FP 腔来选频或压缩激光线宽，以获得单谱线、窄线宽的激光输出。如图 2.55 所示，在激光谐振腔内插入 FP 腔，激光增益介质的线宽如图 2.55(b)

中虚线所示，FP 腔的透射频率谱如图 2.55(b) 实线所示。通过设计 FP 腔的长度 h 和反射率 R 可以调节 FP 腔的透射频谱、谱线间隔和线宽。调节 FP 腔的谱线间隔，使只有一条 FP 的透射谱落在激光增益谱之内，这样激光器就只有一个谱线输出，谱线宽度由式(2.76)决定。

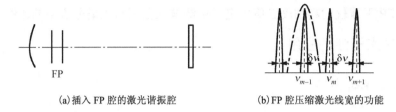

(a) 插入 FP 腔的激光谐振腔　　　　　　　(b) FP 腔压缩激光线宽的功能

图 2.55　插入 FP 腔的激光谐振腔与 FP 腔压缩激光线宽的功能

2. 光学薄膜的设计制作

光学薄膜是指使用物理或化学方法在光学元件上镀制的不同材料的单层或多层薄膜，用于控制特定频率范围内光波的透射率、反射率或偏振等特性。光学薄膜设计的理论基础就是多光束干涉。下面仅以单层介质膜为例说明其中的多光束干涉对光波反射率、透过率的影响。

通过真空镀膜机将折射率 n_2 的材料气化后沉淀在光学元件表面即形成单层光学薄膜。如图 2.56 所示，入射光正入射于镀膜后的光学元件表面，设膜层厚度为 d，n_1 为入射面介质折射率，n_3 为光学元件基质材料折射率，各束反射光的复振幅为

$$\tilde{U}_1 = r_{12}A_0$$
$$\tilde{U}_2 = t_{12}r_{23}t_{21}A_0\mathrm{e}^{\mathrm{i}\delta}$$
$$\tilde{U}_3 = t_{12}r_{23}r_{21}r_{23}t_{21}A_0\mathrm{e}^{\mathrm{i}2\delta} = r_{21}r_{23}\tilde{U}_2\mathrm{e}^{\mathrm{i}\delta}$$
$$\tilde{U}_4 = (r_{21}r_{23})^2\tilde{U}_2\mathrm{e}^{\mathrm{i}2\delta}$$
$$\vdots$$
$$\tilde{U}_m = (r_{21}r_{23})^{m-2}\tilde{U}_2\mathrm{e}^{\mathrm{i}(m-2)\delta}$$

式中，δ 为光波在薄膜内一次往返传播引入的相位延迟，$\delta = 2kn_2d$。则反射光的合振幅为

$$\tilde{U}_R = \sum_{m=1}\tilde{U}_m = A_0r_{12} + \frac{\tilde{U}_2}{1-r_{21}r_{23}\mathrm{e}^{\mathrm{i}\delta}} \tag{2.77}$$

则反射系数为

$$R = \left|\frac{\tilde{U}_R}{\tilde{U}_0}\right|^2 = 1 - \frac{(1-r_{12}^2)(1-r_{23}^2)}{1+r_{12}^2r_{23}^2+2r_{12}r_{23}\cos\delta} \tag{2.78}$$

假设 $n_1=1$，$n_3=1.5$，图 2.57 给出了不同的 δ 情况下得到的膜层反射率。

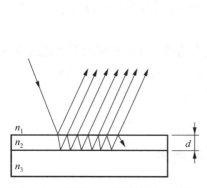

图 2.56　薄膜上下表面的多次反射

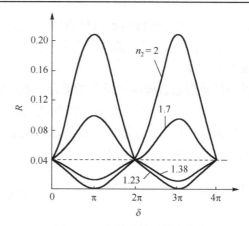

图 2.57　单层膜的反射率曲线

下面讨论两种境况：

(1) $n_1 < n_2 < n_3$ 或 $n_1 > n_2 > n_3$ 制作增透膜。

在这种情况下，光波在薄膜上下表面反射时不引入相位突变，因此 r_{12} 和 r_{23} 同号，由式 (2.78) 可知当 $\delta = 2kn_2d = N \cdot 2\pi$ (N 为整数) 时，反射率取极大值。利用菲涅耳公式可求出

$$R = \left(\frac{r_{12} + r_{23}}{1 + r_{12}r_{23}}\right)^2 = \left(\frac{n_1 - n_3}{n_1 + n_3}\right)^2 \tag{2.79}$$

当 $\delta = 2kn_2d = (2N+1)\pi$ (N 为整数) 时，反射率取极小值：

$$R_m = \left(\frac{r_{12} - r_{23}}{1 - r_{12}r_{23}}\right)^2 = \left(\frac{n_2^2 - n_1n_3}{n_2^2 + n_1n_3}\right)^2 \tag{2.80}$$

由式 (2.80) 可见，可以适当选择薄膜介质的折射率 n_2 使 $R_m = 0$，即为增透膜。可求出膜层材料折射率 n_2 与膜层厚度 d 需满足的关系为

$$\begin{cases} n_2 = \sqrt{n_1n_3} \\ n_2d = \dfrac{2N+1}{4}\lambda_0 \end{cases} \tag{2.81}$$

在光学系统中增透膜的使用可以最大限度地利用光能量，减小杂散光，提高成像的对比度。例如，潜水艇中潜望镜约有 20 个透镜，每个透镜有两个表面，没有镀膜的光学元件表面反射率为 5%，经过 40 个表面反射后光能量损失将达到 88%；如果镀有增透膜，每个表面反射率降为 1%，光能量损失为 33%；如果反射率降为 0.1%，光能量损失仅为 4%。

(2) $n_1 < n_2$ 且 $n_2 > n_3$ 或 $n_1 > n_2$ 且 $n_2 < n_3$ 制作高反膜。

这种情况下在膜层的上下表面反射光存在 π 的相位突变，r_{12} 和 r_{13} 异号，由式 (2.78) 可知当 $\delta = 2kn_2d = (2N+1)\pi$ 时，反射率取极大值：

$$R_M = \left(\frac{n_2^2 - n_1n_3}{n_2^2 + n_1n_3}\right)^2 \tag{2.82}$$

这种情况下镀制膜层只能增大反射率，并且 n_2^2 与 n_1n_3 相比相差越大反射率就越接近 1。

当然，自然界中可用于镀膜的材料折射率有限，单层增反膜的反射率不可能非常高，例如，当 $n_1=1$，$n_3=1.5$ 时，选用硫化锌材料（$n_2=2.38$）作为镀膜材料获得的反射率为 34%，未镀膜时反射率为 4%。

以上是单层增透膜与增反膜的原理。单层膜较为简单，但很多情况下其透过率或反射率达不到要求，例如，镀制较宽波段的增透膜和反射率达到 99% 以上的高反膜，此时需要使用多层膜的设计。多层膜的设计原理也是基于多光束干涉，但涉及的问题较为复杂，这些问题在薄膜光学中有专门的研究。

2.7　引力波干涉测量

爱因斯坦建立广义相对论后，在研究引力场时提出了引力波的存在。20 世纪 60 年代，年轻的 Rainer Weiss 教授在麻省理工学院讲授广义相对论时，给学生出了一道课堂作业题：假设三个一定质量的物体位于等边三角形的顶点上，当光波沿垂直其中一条边的方向传播时，引力波对光波产生怎样的影响。此题目提出了一个思想，时空扰动产生的引力波可能使两束光波产生相位差。到 20 世纪 70 年代 Weiss 意识到激光技术的发展可能将他的引力波测量设想变为现实，1972 年他在麻省理工学院内部技术报告中，设计了千米量级臂长的引力波测量干涉仪，分析了测量中可能的各种噪声源。Weiss 于 1983 年组建了引力波干涉测量研究组，建立了具有现代意义的引力干涉波测量仪。20 世纪 90 年代，在美国国家科学基金会的资助下，最终发展成为现代的激光引力波测量系统（laser interferometer gravitational-wave observatory，LIGO），如图 2.58 所示。目前有 83 个组织或机构、1000 多位科学家参与引力波研究国际合作项目，于 2015 年 9 月 14 日成功测量到 29 个太阳质量的黑体与 36 个太阳质量的黑体合并，形成 62 个太阳质量黑体时产生的引力波。

LIGO 由三台极高精度的干涉仪组成，用于探测黑洞聚合、中子星和超新星爆炸等重大天文物理事件发射的引力波。当引力波通过地球时，会引起在垂直引力波传播方向、分开一定距离的巨大物体产生瞬时的相对运动。为了探测该相对运动和探测引力波产生的方位，理想方法是比较两对大质量物体的相对运动量，并且每一对物体的分开一定距离，这两对物体排布方式应该相互垂直，如一对沿 x 方向布置，另一对沿 y 方向布置。两物体相对矢量的拉伸或缩短的信号变化，与引力波的极性有关。引力波是四偶极子场，而电磁场是偶极子场。如果利用相互正交的两对物体排布方式，构成迈克耳孙干涉仪的两臂，当引力波的极化方向严格平行其中一臂时，引力波在两臂上产生相同和相反的效应。当引力波极化方向与臂的夹角为 45° 时，将不会对两臂产生如何效应。理论上对引力波振动频率峰预估值在 40~2000Hz，由于引力波传播速度为光速，为了得到足够的测量灵敏度，两物体分开的距离理论最小应该大于几千米，这个间距比引力波的波长还是小几个量级。根据此方案，理论预估相对位移信号量为 10^{-9}nm 量级。为排除人为噪声和地震偶然噪声的影响，在华盛顿州、路易斯安那州（两州相距 3000km）和意大利北部建立了三台干涉仪。只有当这三台干涉仪同时测量到信号，才可以确认测量信号的真实性。

LIGO 干涉测量原理实际上就是迈克耳孙干涉方法，只是两个光束传输臂改为 4km 长的法布里-珀罗谐振腔结构，谐振腔采用稳定腔结构，如图 2.58 所示。与迈克耳孙干涉测量一样，LIGO 干涉仪测量到的也是两臂间的光程差，即长度差。光源采用高稳定单模

Nd-YAG 激光，功率为 10W，A 表示干涉探测，B 表示光通过回反射镜返回系统。干涉仪的每个臂是法布里-珀罗谐振腔，具有极高的分辨本领 $Rc = m\mathbb{F}$，因为 m 为干涉级数，比较光栅光谱分辨本领，$\mathbb{F}$ 具有与光栅周期数相同的物理意义，即 $\mathbb{F}$ 体现为光束在谐振腔中的有效往返次数，由于谐振腔是干涉仪的一个臂，可以将 $\mathbb{F}$ 理解为干涉仪的每个臂的实际光程为谐振腔长度的 $\mathbb{F}$ 倍。例如，如果干涉仪设计参数为：谐振腔长为 $L=4\text{km}$，$\mathbb{F}=20$，$\lambda=1.0\mu\text{m}$，系统的分辨本领约为 3×10^{11}。同时考虑现代干涉强度的光子探测技术，使分辨本领可以提高 $\sqrt{pT}$，p 为光子通量，T 为探测器积分时间，对于 10W 功率的激光，积分时间为 1s，$\sqrt{pT}\sim10^{11}$，干涉仪理论分辨本领可以达到 10^{22}。现在干涉仪的分辨本领在引力波峰值频率区域 (100Hz～3kHz) 测量分辨本领达到 10^{21}。采用 4km 臂长谐振腔干涉测量仪，对应的长度变化测量精度为 $4\times10^{-9}\text{nm}$，可以测量 10^{7} 差距秒 (1 差距秒=3.26 光年) 天文物理事件。

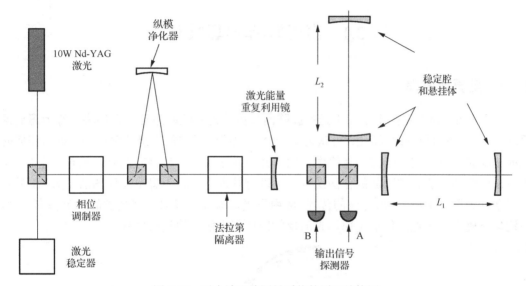

图 2.58　引力波干涉测量系统的原理结构图

第 3 章　光的衍射标量理论与仿真

衍射是在一定的条件下，如光通过狭缝时，光偏离几何光学的直线轨迹而产生绕射现象。1818 年，菲涅耳在他的著名论文中，应用惠更斯原理和干涉原理，解释了光的衍射现象。1882 年，基尔霍夫以电磁场理论为基础，为菲涅耳衍射原理建立了完善的数学基础。此后人们对光的衍射进行了广泛深入的研究，衍射理论成为现代光学的理论基础。本章介绍衍射的标量理论、菲涅耳衍射、夫琅禾费衍射、衍射极限与仪器成像本领、光栅衍射，以及通过 Seelight 软件进行模拟计算等。

3.1　惠更斯-菲涅耳原理

3.1.1　惠更斯原理

惠更斯在 1690 年提出了关于光的波阵面传播的光的波动原理，人们将其称为惠更斯原理：一个波阵面的每个面元，可认为是一个产生球面子波的次级扰动中心，以后任何时刻的波阵面是所有这些子波的包络面。由于几何光学中，光传播时波阵面是相互平行的，惠更斯原理的实质是波阵面的作图法则，所以有时也将其称为惠更斯作图法。图 3.1 显示了根据惠更斯作图法，给出光波的传播。应用惠更斯原理可以对几何光学的三个基本定律，即均匀介质中光的直线传播定律、光的反射定律和折射定律进行解释。

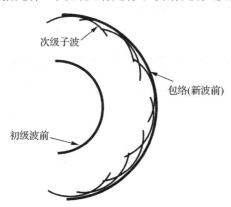

图 3.1　惠更斯原理给出光传播示意图

3.1.2　菲涅耳衍射原理

菲涅耳在惠更斯原理的基础上，假设次级子波相互干涉叠加，从而唯象地解释了光的衍射现象，建立了惠更斯-菲涅耳原理。该原理内容表述为：波阵面上每一个面元可看作次级波源，波场中任一点的光场，是所有次级波源发射的次级波在该场点的干涉叠加。如图 3.2 所示，设 Σ 表示空间某一波阵面，按惠更斯-菲涅耳原理，波阵面上任一无穷小面

元 $\mathrm{d}S$ 作为次级波源，在空间场点 P 产生的次级扰动为 $\mathrm{d}\tilde{U}(P)=\dfrac{\tilde{U}(Q)}{r}\mathrm{e}^{ikr}\mathrm{d}S$，则场点 P 的总场或总扰动 $\tilde{U}$，是所有次级波源发射的次级波 $\mathrm{d}\tilde{U}$ 的叠加：

$$\tilde{U}(P)\propto\oiint_{\Sigma}\mathrm{d}\tilde{U}(P)$$

$$=K\oiint_{\Sigma}f(\theta_0,\theta)\tilde{U}(Q)\frac{\mathrm{e}^{ikr}}{r}\mathrm{d}S \tag{3.1}$$

式中，$f(\theta_0,\theta)$ 为倾斜因子，表示次级波源发射的各向异性，θ_0 和 θ 分别表示入射光方向和场点相对曲面 Q 面元的法线方向的方位角(图 3.2)。

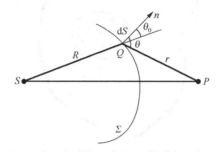

图 3.2　波面 Σ 在 P 点产生的场

3.2　基尔霍夫衍射标量理论

基尔霍夫从定态电磁场的亥姆霍兹方程出发，应用格林公式，在一定条件下，给出了无源空间电磁场的边值定解，为惠更斯-菲涅耳衍射概念奠定了比较完善的理论基础。

3.2.1　亥姆霍兹-基尔霍夫积分定理

由第 1 章的讨论可知，单色电磁场的标量描述为

$$\tilde{U}(\boldsymbol{r},t)=\tilde{U}(\boldsymbol{r})\mathrm{e}^{-i\omega t} \tag{3.2}$$

在无源空间，电磁场满足标量波动方程 $\nabla^2\tilde{U}-\dfrac{1}{v^2}\dfrac{\partial^2\tilde{U}}{\partial t^2}=0$，将式(3.2)代入该式得到定态波的亥姆霍兹方程：

$$(\nabla^2+k^2)\tilde{U}(\boldsymbol{r})=0 \tag{3.3}$$

式中，$k=\omega/v=\omega n/c=2\pi/\lambda$。在这样的场空间中，取一闭合曲面 S(图 3.3)，假设曲面 S 上的场为已知，求曲面内任一点 P 的场。应用格林公式：

$$\iiint_{v}(U\nabla^2 G-G\nabla^2 U)\mathrm{d}v=\iint_{s}\left(U\frac{\partial G}{\partial n}-G\frac{\partial U}{\partial n}\right)\mathrm{d}S \tag{3.4}$$

式中，G 为格林函数；$\partial/\partial n$ 表示沿法线方向的微分。如果取格林函数为

$$G=\frac{\mathrm{e}^{ikr}}{r} \tag{3.5}$$

式中，r 为 P 点到曲面 S 的距离。则除 P 点外，此时 G 满足亥姆霍兹方程。绕 P 点作一微小的球面 S'，在 S 和 S' 所围的体积中应用格林公式，经严格的数学推导，可得到 P 的场：

$$\tilde{U}(P) = \frac{1}{4\pi} \iint_s \left[\frac{e^{ikr}}{r} \frac{\partial \tilde{U}}{\partial n} - \tilde{U} \frac{\partial}{\partial n} \left(\frac{e^{ikr}}{r} \right) \right] dS \tag{3.6}$$

由式 (3.6) 可知，任一点的场可由包围这点的任一闭合球面的场确定，式 (3.6) 称为亥姆霍兹-基尔霍夫积分定理，它是标量衍射理论的基础。

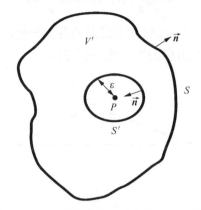

图 3.3　亥姆霍兹-基尔霍夫积分区间示意图

3.2.2　平面屏衍射的基尔霍夫公式

设有一点源 P_0 发射单色波，考虑该光波通过一不透明无限大屏上的一小孔后，在空间 P 的波场 (图 3.4)。取图 3.4 所示的闭合曲面 S，应用亥姆霍兹-基尔霍夫积分定理，式 (3.6) 积分化为对 S_1、S_2 和 S_3 三部分曲面的积分，在一定近似下，可求得 P 点的场：

$$\tilde{U}(P) = \frac{iA}{\lambda} \iint_{S_1} \frac{e^{ik(r_0+r)}}{r_0 r} \left(\frac{\cos\theta_0 + \cos\theta}{2} \right) dS \tag{3.7}$$

式 (3.7) 称为菲涅耳-基尔霍夫衍射公式。获得式 (3.7) 的近似条件如下：

(1) 假设 $1/r_0$ 和 $1/r$ 远小于 k；

(2) 假设在曲面 S_1 上各点处的光场 $\tilde{U}$，及其导数 $\partial\tilde{U}/\partial n$，与没有屏时相同，即屏的边界对 S_1 上的场没有影响，即

$$\tilde{U} = \frac{Ae^{ikr_0}}{r_0}$$

$$\frac{\partial \tilde{U}}{\partial n} = \frac{Ae^{ikr_0}}{r_0} \left(ik - \frac{1}{r_0} \right) \cos\theta_0 \approx ik\cos\theta_0 \frac{Ae^{ikr_0}}{r_0}$$

(3) 由于 S_2 是不透明屏，认为曲面 S_2 各点的场为零，对 P 点的场没有贡献。当 R 取得足够大时，曲面 S_3 上的场 $\tilde{U}$ 及其导数 $\partial\tilde{U}/\partial n$ 任意小，对 P 点的场的贡献可忽略。

菲涅耳-基尔霍夫衍射公式推导中假设入射波为球面波。对任一入射波，若波面各点的曲率半径比波长大得多，且衍射孔径相对 P 点的张角足够小，它可以推广到任意入射波情况：

$$\tilde{U}(P) = -\frac{i}{2\lambda} \iint_{S_1} \tilde{U}(Q) \frac{e^{ikr}}{r} (\cos\theta_0 + \cos\theta)\mathrm{d}S \tag{3.8}$$

式中，$\tilde{U}(Q)$ 是入射到衍射孔径 S_1 上 Q 的波函数。

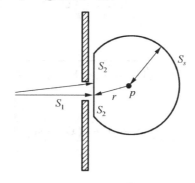

图 3.4 平面屏衍射 $\tilde{U}_A(P)$

3.2.3 巴比涅原理

由菲涅耳-基尔霍夫衍射公式，可得到两个互补衍射屏时衍射场分布情况。如图 3.5 所示，屏 a、b 为互补屏，即 a 屏透光部分正好是 b 屏不透光部分，反之亦然。设 a 和 b 屏在衍射空间某一点 P 的衍射场分别为 $\tilde{U}_A(P)$ 和 $\tilde{U}_B(P)$，它们对应式 (3.8) 中对透光部分的积分。将这两个屏透光部分叠加，正好是整个平面，这时衍射场与没有衍射屏时的场 $\tilde{U}(P)$ 相等，即

$$\tilde{U}(P) = \tilde{U}_A(P) + \tilde{U}_B(P) \tag{3.9}$$

式 (3.9) 称为巴比涅原理。

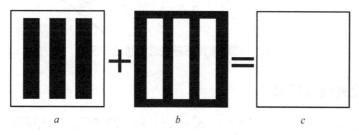

图 3.5 互补衍射屏

3.3 球面波的傍轴近似和远场近似

无论菲涅耳-基尔霍夫衍射还是惠更斯-菲涅耳衍射，都表示为球面波的叠加。通过与实际物理过程结合，对式 (3.7) 中各个因子进行分析，通过对球面波的近似条件分析，衍射计算在一定近似条件下可以进行简化，其中两种重要的近似形成了称为傍轴近似和远场近似式，与之对应的衍射积分称为菲涅耳衍射和夫琅禾费衍射。

考虑一面光源，取直角坐标系 (x_0, y_0)，选取 z 的正方向指向场平面 (图 3.6)。在面光

源上取一点源 Q，其坐标为 $(x_0, y_0, 0)$，场平面 P 点坐标为 (x, y, z)，则 Q 发出的球面波函数为

$$\tilde{U}(P) = \frac{A}{r}e^{ikr} \tag{3.10}$$

式中

$$r = \sqrt{(x-x_0)^2 + (y-y_0)^2 + z^2} \tag{3.11}$$

式 (3.11) 展开为

$$r = z + \frac{\rho_0^2 + \rho^2 - 2(xx_0 + yy_0)}{2z} + \cdots \tag{3.12}$$

式中

$$\rho_0^2 = x_0^2 + y_0^2, \quad \rho^2 = x^2 + y^2$$

在一定条件下可忽略高阶项，球面波可表示为简单形式。

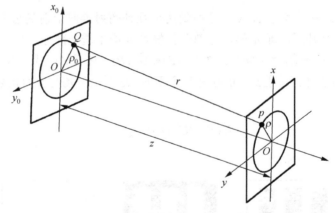

图 3.6　球面波传播旁轴近似和远场近似

3.3.1　球面波的傍轴近似

源点和场点满足傍轴条件，即 ρ^2，$\rho_0^2 \ll z^2$，将 r 的展开式代入球面波表达式，相位因子 kr 保留到二次项，振幅因子中的 r 保留一次项，则有

$$\tilde{U}(P) = \frac{A}{r}e^{ikr} = \frac{A}{z + \dfrac{\rho_0^2 + \rho^2 - 2(xx_0 + yy_0)}{2z} + \cdots} e^{ik\left[z + \frac{\rho_0^2 + \rho^2 - 2(xx_0 + yy_0)}{2z} + \cdots\right]} \tag{3.13}$$

$$\approx \frac{Ae^{ikz}}{z} e^{ik\frac{\rho_0^2 + \rho^2 - 2(xx_0 + yy_0)}{2z}}$$

式中，指数因子保留二次项，是由于 $k = 2\pi / \lambda$ 与二次项的积 $\dfrac{k\rho^2}{2z}$、$\dfrac{k\rho_0^2}{2z}$ 对相位的贡献不一定是小量。式 (3.13) 表明，球面波在傍轴条件下，其相位在横向表现为坐标的二次函数。

3.3.2　球面波的远场近似

(1)源点和场点满足旁轴条件 ρ^2，$\rho_0{}^2 \ll z^2$，同时源点满足远场条件 $k\rho_0{}^2 \ll z$。

根据球面波表达式(3.11)，则场点的波函数可化为

$$\tilde{U}(P) = \frac{A}{r}e^{ikr} \approx \frac{Ae^{ikz}}{z}e^{ik\frac{\rho_0^2+\rho^2-2(xx_0+yy_0)}{2z}}$$

$$\approx \frac{Ae^{ikz}}{z}e^{ik\frac{\rho^2+2(xx_0+yy_0)}{2z}} = \frac{Ae^{ikz}}{z}e^{ik\frac{x^2+y^2}{2z}}e^{-ik\frac{xx_0+yy_0}{z}} \tag{3.14}$$

式中，相位因子与源点坐标关系为线性相位因子，代表从源点出射的波面近似转化为平面波。

(2)源点和场点满足旁轴条件 ρ^2，$\rho_0{}^2 \ll z^2$，场点满足远场条件 $k\rho^2 \ll z$。

根据表达式(3.11)，场点的波函数可近似化为

$$\tilde{U}(P) = \frac{A}{r}e^{ikr} \approx \frac{Ae^{ikz}}{z}e^{ik\frac{\rho_0^2+\rho^2-2(xx_0+yy_0)}{2z}}$$

$$\approx \frac{Ae^{ikz}}{z}e^{ik\frac{\rho_0^2+2(xx_0+yy_0)}{2z}} = \frac{Ae^{ikz}}{z}e^{ik\frac{x_0^2+y_0^2}{2z}}e^{-ik\frac{xx_0+yy_0}{z}} \tag{3.15}$$

式中，相位因子与场点坐标的关系为线性关系。

(3)若源点和场点都满足傍轴条件和远场条件。

场点的波函数式(3.11)化为

$$\tilde{U}(P) = \frac{A}{r}e^{ikr} \approx \frac{Ae^{ikz}}{z}e^{ik\frac{\rho_0^2+\rho^2-2(xx_0+yy_0)}{2z}} \approx \frac{Ae^{ikz}}{z}e^{-ik\frac{xx_0+yy_0}{z}} \tag{3.16}$$

此时从源点发出的球面波，到达场点转化为平面波。

3.3.3　菲涅耳衍射(近场衍射)与夫琅禾费衍射(远场衍射)

当衍射屏和接收屏的坐标位置满足旁轴近似条件时，基尔霍夫衍射积分近似于菲涅耳衍射积分：

$$\tilde{U}(x,y) = -\frac{ie^{ikz}}{\lambda z}e^{i\frac{k}{2z}(x^2+y^2)}\iint_{-\infty}^{\infty}\left[\tilde{U}(x_0,y_0)e^{i\frac{k}{2z}(x_0^2+y_0^2)}\right]e^{-i\frac{k}{z}(xx_0+yy_0)}dx_0dy_0 \tag{3.17}$$

衍射屏和接收屏的坐标位置除了满足菲涅耳衍射近似条件，衍射屏上的次级波源还满足远场条件 $k\rho_0{}^2 \ll z$，则二次相位因子 $\frac{k}{2z}(x_0^2+y_0^2) \ll 1$，衍射场为远场衍射：

$$\tilde{U}(x,y) = -\frac{ie^{ikz}}{\lambda z}e^{i\frac{k}{2z}(x^2+y^2)}\iint_{-\infty}^{\infty}\tilde{U}(x_0,y_0)e^{-i\frac{k}{z}(xx_0+yy_0)}dx_0dy_0 \tag{3.18}$$

3.4　夫琅禾费衍射(远场衍射)计算

衍射屏和接收屏的坐标位置满足：ρ^2，$\rho_0{}^2 \ll z^2$ 和 $k\rho_0{}^2 \ll z$，则菲涅耳衍射积分式

中被积函数的二次相位因子 $\dfrac{k}{2z}(x_0^2+y_0^2)\ll 1$，衍射场为

$$\tilde{U}(x,y)=-\frac{ie^{ikz}}{\lambda z}e^{i\frac{k}{2z}(x^2+y^2)}\iint_{-\infty}^{\infty}\tilde{U}(x_0,y_0)e^{-i\frac{k}{z}(xx_0+yy_0)}dx_0dy_0 \tag{3.19}$$

满足远场条件的衍射区域为夫琅禾费衍射区，式(3.19)为夫琅禾费衍射积分，衍射场为夫琅禾费衍射。式(3.19)除了积分号前的系数 $-\dfrac{ie^{ikz}}{\lambda z}$ 和二次相位因子 $e^{i\frac{k}{2z}(x^2+y^2)}$ 外，实际上是衍射孔径上的场 $\tilde{U}(x_0,y_0)$ 的傅里叶变换，傅里叶变换频率为

$$f_x=x/(\lambda z),\quad f_y=y/(\lambda z) \tag{3.20}$$

图 3.7 所示给出了理想的夫琅禾费衍射实验装置示意图，在焦距为 f 的透镜 L_2 焦平面观察到的光场为夫琅禾费衍射，满足

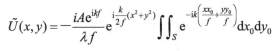

$$\tilde{U}(x,y)=-\frac{iAe^{ikf}}{\lambda f}e^{i\frac{k}{2f}(x^2+y^2)}\iint_{S}e^{-ik\left(\frac{xx_0}{f}+\frac{yy_0}{f}\right)}dx_0dy_0$$

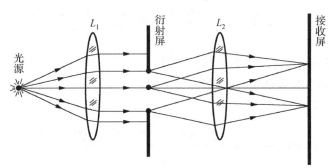

图 3.7　透镜焦平面的衍射场为夫琅禾费远场近似

3.4.1　单缝夫琅禾费衍射场与数值仿真

1. 单缝夫琅禾费衍射场的解析解

为在较小的距离内观测夫琅禾费衍射，通过透镜在其后焦平面获得夫琅禾费衍射分布(图 3.8)。图 3.8 中衍射屏为一维狭缝，在 x_0 方向为有限宽度 a，y_0 方向认为无限大宽度，衍射只发生在 x_0 方向上。在狭缝后面放置透镜，透镜主轴通过狭缝中点与狭缝垂直，由狭缝每一次波源发射的次波，相同传播方向的次波聚焦于后焦平面相同的点。

设入射光为垂直狭缝的平行光 $\tilde{U}(x_0,y_0)=A_0$，狭缝在 y_0 方向的宽度为 b，夫琅禾费衍射积分公式(3.19)化为一维积分形式：

$$\tilde{U}(\theta)=-\frac{ibe^{ikf}}{\lambda f}e^{i\frac{kf}{2}\sin^2\theta}\int_{-a/2}^{a/2}Ae^{-ik\sin\theta x_0}dx_0 \tag{3.21}$$

积分得单缝夫琅禾费衍射场为

$$\tilde{U}(\theta) = \tilde{c}e^{ikf}\,e^{\mathrm{i}\frac{kf}{2}\sin^2\theta}\,\frac{\sin\alpha}{\alpha}$$

$$\tilde{c} = -\frac{iAba}{\lambda f}, \quad \alpha = \frac{\pi a\sin\theta}{\lambda}$$

(3.22)

衍射光强分布为

$$I(\theta) = \tilde{U}\tilde{U}^* = I_0\,\mathrm{sinc}^2\alpha$$

(3.23)

式中，$I_0 = \tilde{c}\tilde{c}^*$；$\mathrm{sinc}\,\alpha = \dfrac{\sin\alpha}{\alpha}$。

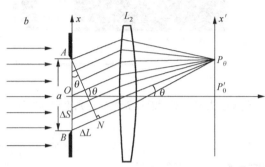

图 3.8　单缝衍射装置的剖面图

2. Seelight 仿真结果（计算程序 3C1_1）

单缝夫琅禾费衍射场 Seelight 计算模型如图 3.9(a)所示，包括平行光源模块、光束调制器模块、理想透镜模块、真空传输模块以及图像显示模块。通过光束调制器模块产生狭缝，如图 3.9(b)所示。单缝夫琅禾费衍射场 Seelight 计算模型计算结果如图 3.10 所示，给出了衍射强度的分布曲线，衍射场在 x 轴上的变化满足 sinc 函数的平方规律，在 y 方向有很小的发散。

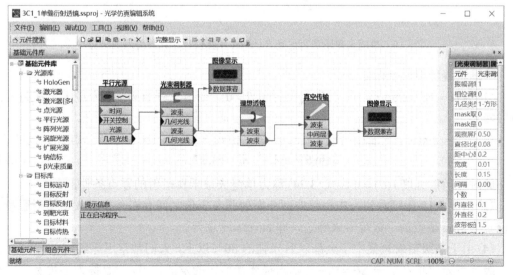

(a)

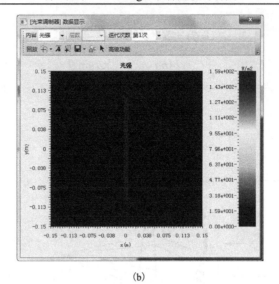

(b)

图 3.9 透镜实现单缝夫琅禾费衍射计算模型与光束调制器模块生成的狭缝

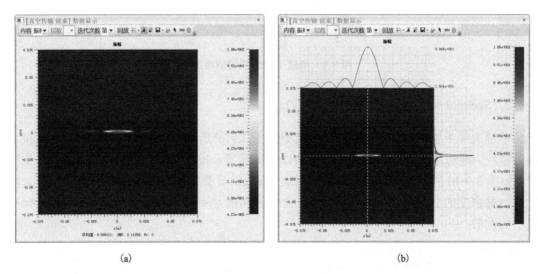

(a)   (b)

图 3.10 单缝夫琅禾费衍射场 Seelight 计算模型计算衍射场的分布

一维狭缝的衍射规律如下。

(1) 当 $\alpha = 0$ 时，$\mathrm{sinc}\,\alpha = 1$，对应的衍射角 $\theta = 0$，衍射光强 $I(\theta) = I_0$ 为最大，称为零级衍射峰。

(2) 当 $\alpha = m\pi(m = \pm 1, \pm 2, \cdots)$ 时，$\mathrm{sinc}\,\alpha = 0$，由式 (3.23) 中的 α 表达式，对应的衍射角为

$$a\sin\theta = m\lambda, \qquad m = \pm 1, \pm 2, \cdots \tag{3.24}$$

此时，衍射强度 $I(\theta) = 0$，式 (3.24) 称为单缝夫琅禾费衍射的零点条件。

(3) 由图 3.10 还可看到，在相邻的两个衍射强度零值之间存在一个极大值衍射强度，其位置由 sinc 函数的导数等零来确定，即 $\tan\alpha = \alpha$ 求得。

(4) 由于零级衍射斑集中了全部入射光强的 80% 以上，人们常常用零级峰值方位角 θ_0 与一级零点方位角 θ_1 的差 $\Delta\theta = \theta_0 - \theta_1$ 来描述光衍射的发散程度，$\Delta\theta$ 称为半角宽度。平行光正入射时 $\theta_0 = 0$；当狭缝宽度 a 远大于波长时，根据式 (3.24)，有 $\sin\theta_1 \approx \theta_1 = \lambda / a$，

则夫琅禾费衍射半角宽度为

$$\Delta\theta = \frac{\lambda}{a} \quad 或 \quad a\cdot\Delta\theta = \lambda \tag{3.25}$$

式(3.25)可表示半角宽度与狭缝宽度之积为一常量。

3. 应用菲涅耳衍射积分公式计算远场衍射

应用菲涅耳衍射积分公式：

$$\tilde{U}(x,y) = -\frac{ie^{ikz}}{\lambda z}e^{i\frac{k}{2z}(x^2+y^2)}\iint_{-\infty}^{\infty}\left[\tilde{U}(x_0,y_0)e^{i\frac{k}{2z}(x_0^2+y_0^2)}\right]e^{-i\frac{k}{z}(xx_0+yy_0)}dx_0dy_0$$

计算远场衍射积分时，应使光束传输距离满足 $\frac{k}{2z}(x_0^2+y_0^2)\ll1$。应用 Seelight 软件设计的计算模型(3C1_2)和计算结果如图 3.11 所示，狭缝尺度为 10mm×250mm，传输距离为 100km，计算结果与图 3.10 的结果相同。

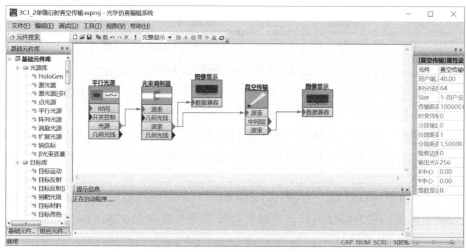

(a)

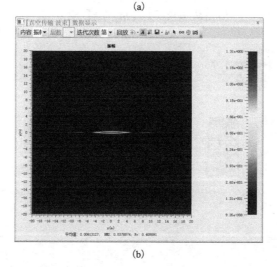

(b)

图 3.11　应用菲涅耳衍射积分公式计算远场衍射模块与结果

3.4.2　方孔夫琅禾费衍射场与数字仿真

设平行光垂直入射边长为 a 的方形孔，在透镜后焦平面观测的夫琅禾费衍射场，这里透镜的主轴通过矩孔中心并与矩孔平面垂直。光束通过透镜后在焦平面上任一点 P 的衍射场可以通过角坐标 (θ_1, θ_2) 描述。(θ_1, θ_2) 分别表示场点 P 对透镜中心点的张角，由夫琅禾费衍射衍射积分公式，得方孔的夫琅禾费衍射场分布：

$$\tilde{U}(\theta_1, \theta_2) = -\frac{iAe^{ikf}}{\lambda f} e^{i\frac{kf}{2}(\sin^2\theta_1 + \sin^2\theta_2)} \int_{-a/2}^{a/2} e^{-ik\sin\theta_1 x_0} dx_0 \int_{-b/2}^{b/2} e^{-ik\sin\theta_2 y_0} dy_0 \tag{3.26}$$

式(3.26)积分求得方孔的夫琅禾费衍射场和强度为

$$\tilde{U}(\theta_1, \theta_2) = \tilde{c}e^{ikf} e^{i\frac{kf}{2}(\sin^2\theta_1 + \sin^2\theta_2)} \mathrm{sinc}\,\alpha \cdot \mathrm{sinc}\,\beta, \quad I = I_0 \,\mathrm{sinc}^2\alpha \cdot \mathrm{sinc}^2\beta \tag{3.27}$$

式中

$$\tilde{c} = -\frac{iAba}{\lambda f}, \quad I_0 = \tilde{c}\tilde{c}^*, \quad \alpha = \frac{\pi a \sin\theta_1}{\lambda}, \quad \beta = \frac{\pi a \sin\theta_2}{\lambda}$$

其衍射场分布与单缝衍射类似，其差别在于单缝强度变化呈一维分布，方孔呈二维分布。

方孔远场衍射计算模型与结果(计算程序 3C2)。方孔远场衍射计算模型与单缝夫琅禾费衍射场 Seelight 计算模型相似，如图 3.12(a)所示，包括平行光源模块、光束调制器模块、理想透镜模块、真空传输模块以及图像显示模块。通过光束调制器模块产生方孔，如图 3.12(b)所示。计算结果与一维狭缝相比，方孔远场衍射在 x 和 y 轴方向相同，如图 3.12(c)所示。

从图 3.12(c)中可以看到，当 $(\theta_1, \theta_2) = (0,0)$ 时，衍射强度最大，以最大峰值为中心有一个最大的衍射斑，称为零级衍射。零级衍射斑的半角宽度 $(\Delta\theta_1, \Delta\theta_2)$，由衍射零点条件：

$$\begin{aligned} a\sin\theta_1 &= m_1\lambda, & m_1 &= \pm1, \pm2, \cdots \\ b\sin\theta_2 &= m_2\lambda, & m_2 &= \pm1, \pm2, \cdots \end{aligned} \tag{3.28}$$

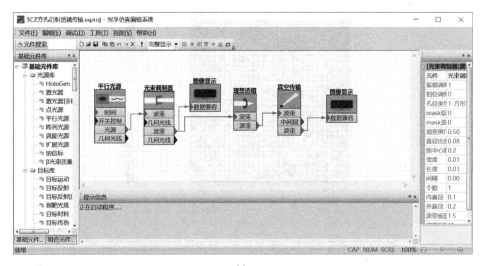

(a)

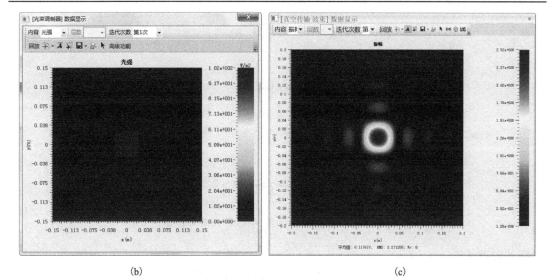

(b)　　　　　　　　　　　　　　　　　　　　(c)

图 3.12　方孔远场衍射计算模型与计算结果

确定，当 $a,b \gg \lambda$ 时，由式 (3.28) 得到半角宽度：

$$\Delta\theta_1 \approx \frac{\lambda}{a}, \quad \Delta\theta_2 \approx \frac{\lambda}{b} \tag{3.29}$$

人们用半角宽度 $(\Delta\theta_1, \Delta\theta_2)$ 来描述平行光入射方孔时，发生衍射的弥散程度。

3.4.3　圆孔夫琅禾费衍射与仿真模拟

　　圆孔夫琅禾费衍射场分析采用极坐标代替直角坐标更为方便。设圆孔半径为 a，(ρ_0, θ_0) 是以圆孔为中心的孔上点 $Q(x_0, y_0)$ 的极坐标：

$$x_0 = \rho_0 \cos\theta_0, \quad y_0 = \rho_0 \sin\theta_0 \tag{3.30}$$

(ρ, ψ) 是衍射场上以点源几何像点为坐标原点时场点 $P(x, y)$ 的极坐标：

$$x = \rho\cos\psi, \quad y = \rho\sin\psi \tag{3.31}$$

　　按上述极坐标，当以振幅 A 为平面波入射时，夫琅禾费衍射积分为

$$\tilde{U}(\rho, \psi) = -\frac{i e^{ikf}}{\lambda f} e^{i\frac{k\rho^2}{2f}} \int_0^a \int_0^{2\pi} A e^{-i\frac{k}{f}\rho\rho_0 \cos(\theta_0 - \psi)} \rho_0 \mathrm{d}\rho_0 \mathrm{d}\theta_0 \tag{3.32}$$

式 (3.32) 的求解涉及特殊函数——贝塞尔函数的积分求解：

$$\tilde{U}(\rho) = \tilde{c}\left[2\frac{J_1(ka\rho/f)}{ka\rho/f}\right] = \tilde{c}\left[2\frac{J_1(x)}{x}\right] \tag{3.33}$$

式中，$\tilde{c} = -\dfrac{iA e^{ikf}}{\lambda f} e^{i\frac{k\rho^2}{2f}}$；$x = ka\rho/f$；$J_1(x)$ 为一阶贝塞尔函数，分布如图 3.13 所示。

　　圆孔衍射场可以用场点 P 对透镜中心的张角 θ 描述，傍轴条件下 $\sin\theta \approx \dfrac{\rho}{f}$，圆孔衍射场又可表示为

$$\tilde{U}(\rho) = \tilde{c}\left[2\frac{J_1(ka\sin\theta)}{ka\sin\theta}\right] \tag{3.34}$$

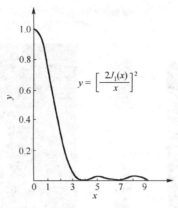

图 3.13　一阶贝塞尔函数 $J_1(x)$ 的曲线分布图

对应的强度为

$$I(\theta) = \left(\frac{A}{\lambda f}\right)^2 \left[2\frac{J_1(ka\sin\theta)}{ka\sin\theta}\right]^2 \tag{3.35}$$

计算模型与结果(计算程序 3C4_1)如下。

圆孔夫琅禾费衍射场 Seelight 计算模型如图 3.14(a)所示,包括平行光源模块、光束调制器模块、理想透镜模块、真空传输模块以及图像显示模块。通过光束调制器模块产生圆孔,圆孔在透镜焦平面形成夫琅禾费衍射场,如图 3.14(b)所示。

圆孔远场衍射强度分布呈现极大值和极小值变化,从中心最大光强位置到第一个极小位置为 $x = 1.22\pi$,圆孔的衍射场存在一个中心光斑,称为艾里斑。艾里斑的宽度 d 和半角宽度由式(3.36)确定:

$$\sin\theta = 1.22\frac{\lambda}{D} \quad \text{或} \quad d = 1.22\frac{\lambda f}{D} \tag{3.36}$$

式中,$D = 2a$ 为圆孔直径。一般情况下 $\lambda \ll D$,半角宽度可表示为

$$\Delta\theta = 1.22\frac{\lambda}{D} \quad \text{或} \quad \Delta\theta \cdot D = 1.22\lambda \tag{3.37}$$

计算表明,入射圆孔总光强的 84% 落在艾里斑内。

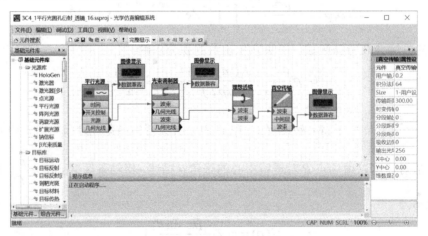

(a)

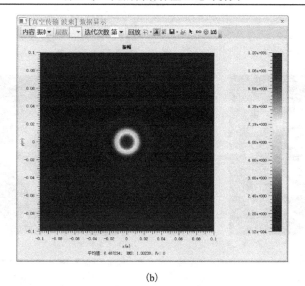

(b)

图 3.14　圆孔夫琅禾费衍射计算模型与仿真衍射场分布

3.5　衍射极限与成像分辨率

3.5.1　衍射极限

　　理想平面波透镜焦平面的衍射场分布为艾里斑(如 3.4.3 节计算结果)，艾里斑的半宽度为 $d = 1.22f\dfrac{\lambda}{D}$，是理想平面波光束能聚焦的最小光斑，称为衍射极限。这是因为当存在像差，或理想光波传播中产生相位变化，这时光束远场衍射分布不再是最小的艾里斑，而是发散的光斑，从而影响成像质量。图 3.15 给出了不同像差条件下的远场衍射光斑形态变化。图 3.15(a)是无像差的理想艾里斑，图 3.15(b)～(d)是存在离焦、彗差和像散等像差时远场衍射分布。其计算模型(3D1_1)如图 3.16 所示。

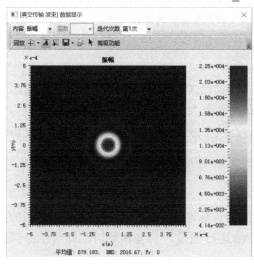

(a)

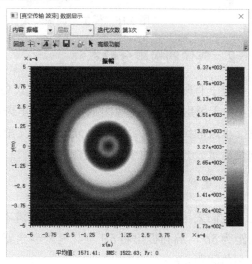

(b)

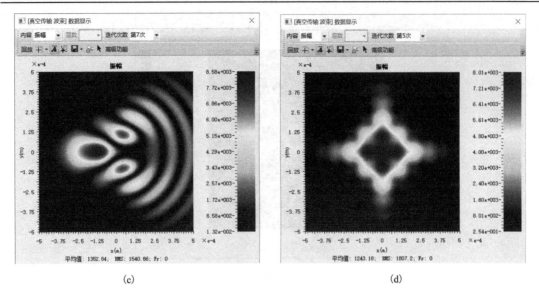

图 3.15 无像差的理想艾里斑与存在像差时远场衍射分布

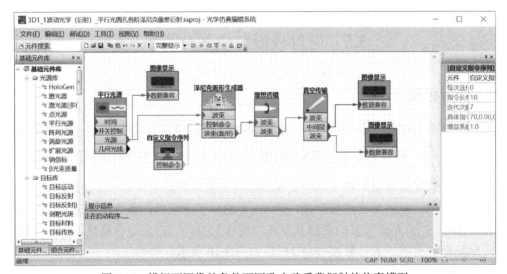

图 3.16 模拟不同像差条件下圆孔夫琅禾费衍射的仿真模型

3.5.2 成像的极限分辨本领

对于有限大小孔径的光学系统，由式(3.36)或式(3.37)可知，原来几何光学的理想像点，由于衍射效应，在像面上是一个艾里斑，即物面上大量的物点，通过成像系统变为大量艾里斑的集合。能否清晰地分辨相邻艾里斑，反映了成像系统的分辨本领，因此分辨本领是衡量分开相邻两个物点的像的能力。

1. 瑞利判据

人们采用瑞利判据作为成像系统分辨本领的定量标准。设相邻两个艾里斑中心间的角间距为 $\delta\theta$，瑞利提出将 $\delta\theta$ 与艾里斑半角宽度 $\Delta\theta$ 进行比较，二者相等时，即为能分辨的最小角间距 $\delta\theta_m$：

$$\delta\theta_m = \Delta\theta = 1.22\frac{\lambda}{D} \tag{3.38}$$

即当第一个像的主极大和另一个像的第一极小重合时，这两个像刚好能分辨(图 3.17)，人们将式(3.38)称为瑞利判据。因此成像系统的分辨率极限是 $\delta\theta_m$，其分辨本领定义为这个量的倒数 $\dfrac{1}{\delta\theta_m}$。

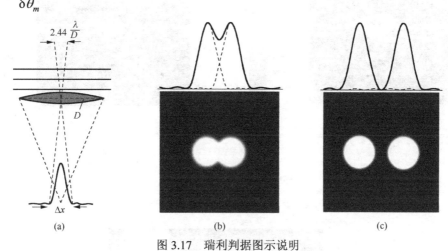

图 3.17　瑞利判据图示说明

2. 提高分辨率的物理方法

艾里斑的角径为 $\Delta\theta = 1.22\lambda/D$，艾里斑的半径 $r = f\Delta\theta = 1.22f\lambda/D$，理论上通过改变光束口径、波长或焦距提高分辨率。通过两平行光束模拟无穷远两点源成像，显示光束口径、波长或焦距对分辨率的影响，计算模型(3D2_1)如图 3.18 所示，模型包括平行光源模块、分束器模块、可调倾斜镜模块、合束器模块、理想透镜模块、真空传输模块以及图像显示模块。倾斜模块实现两平行光产生夹角。当两平行光产生夹角较小时，两艾里斑相互重叠，如图 3.19(a)所示。增大光束口径或减小波长，在其他条件不变时，两艾里斑明显分开，如图 3.19(b)和(c)所示。

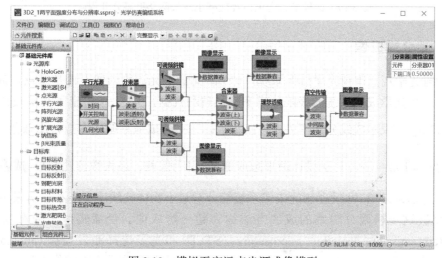

图 3.18　模拟无穷远点光源成像模型

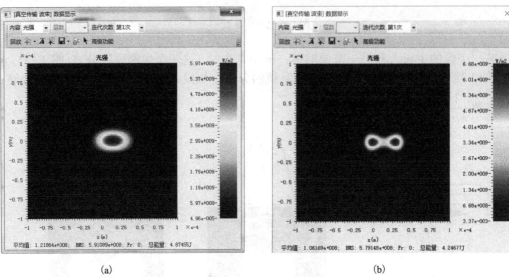

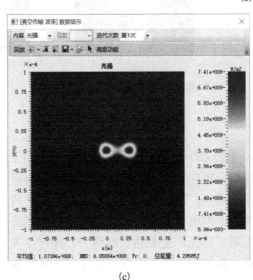

图 3.19　比较增大光束口径或减小波长两艾里斑分开程度

3.5.3　超分辨成像

以衍射光学观点审视光学成像系统，一个理想的点光源物的像不再是像点，而是一个艾利斑，理想光学成像系统的极限分辨率满足瑞利判据，3.5.2 节给出了其极限角分辨率为 $\delta\theta = 1.22\dfrac{\lambda}{D}$。表示成线分辨率为 $\delta l = 1.22F^{\#}\lambda$，$F^{\#}$ 为成像系统的 F 数，用数值孔径 NA 可表示为 $\delta l = 1.22\dfrac{\lambda}{\text{NA}}$。对于设计最理想成像系统（无像差、最大数值孔径），成像的理论极限线分辨率为 $\lambda/2$，即最理想的成像系统能分辨最小物体的线度不能小于所采用波长的一半。突破这一极限分辨率的成像方法称为超分辨成像。受激辐射与受激湮灭显微（stimulated emission depletion microscopy，STED）和光子选择激发显微（photoactivated localization microscopy，PALM）是近年来发展的两种生物超分辨显微成像方法。

STED 是德国科学家 Hell 发明的超分辨显微成像方法。其设想是利用激光既可以激发也可以湮灭生物有机分子荧光的原理。采用两束激光，一束激光激发荧光，另一束激光进行湮灭荧光，此激光为环形光束且波长较第一束激光的波长要长，这两束激光同光轴。在这两束激光的作用下，形成小尺度的荧光区，如图 3.20 所示，实现突破衍射极限分辨率的超分辨成像，如图 3.21 所示。

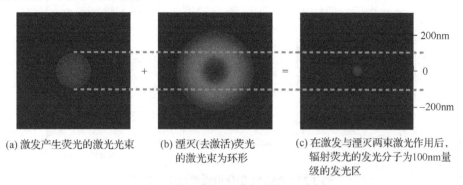

(a) 激发产生荧光的激光光束　　　(b) 湮灭(去激活)荧光　　　(c) 在激发与湮灭两束激光作用后，
　　　　　　　　　　　　　　　的激光束为环形　　　　　　辐射荧光的发光分子为100nm量
　　　　　　　　　　　　　　　　　　　　　　　　　　　　级的发光区

图 3.20　激发与湮灭相互作用下超分辨成像过程示意图

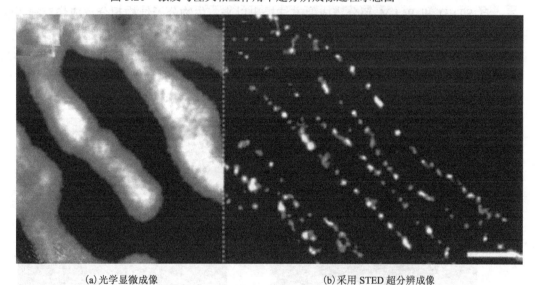

(a) 光学显微成像　　　　　　　　　　(b) 采用 STED 超分辨成像

图 3.21　生物线粒体荧光标识成像

许多生物分子通过激光激发荧光，通过荧光实现分子的显微观测，但受衍射极限的限制，观测到的分子像比分子原本尺寸大，观测到的分子结构呈现重叠。美国科学家 Betzig 和 Moerner 在多年对激发分子荧光研究基础上，发展了实现对生物体中不同位置分子分别激发荧光进行 PALM 超分辨成像的方法。该方法的基本思想是利用光子生物体中不同位置分子分别激发荧光、分别观测，通过计算处理合成成像，从而实现超分辨成像，如图 3.22 所示。图 3.22 中，第一行是不同时刻分子荧光显微成像，第二行是不同时刻不同区域分子的像计算处理，合成后实现超分辨成像。PALM 可以实现 10nm 量级的超分辨生物分子显微成像。

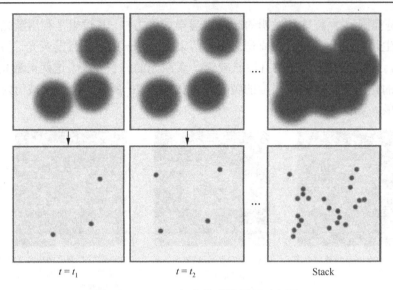

$t = t_1$　　　　　　　$t = t_2$　　　　　　　Stack

图 3.22　PALM 超分辨成像原理示意图

　　自 STED 和 PALM 超分辨成像方法提出以来，生物分子结构超分辨成像获得了快速发展，在皮肤表面的毛孔中的细胞核膜结构（图 3.23(a)）、肿瘤细胞的纤维结构（图 3.23(b)）、神经细胞树突棘结构的研究中获得重要成果。高性能的超分辨仪器对微纳光子生物研究产生了重要影响。Hell、Betzig 和 Moerner 也因 STED 与 PALM 超分辨成像的发明获得 2014 年诺贝尔化学奖。

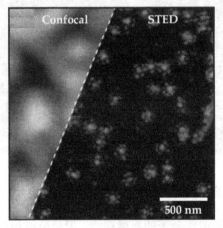
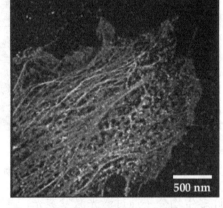

(a) 青蛙皮肤表面细胞的管孔和蛋白质与细胞核膜牢牢固定的结构　　　(b) 人体中骨肉瘤肌动蛋白纤维结构超分辨显微成像

图 3.23　常规显微成像与 STED 和 PALM 显微成像比较

3.6　多相同结构单元与光栅衍射

　　在自然界中存在众多的由相同结构单元组成的物体，这类结构物体的衍射表现出许多独特的衍射特点，其中有序排列的相同结构单元物体的衍射是最为重要的一类。这种有序结构物体对入射光的振幅或相位(或二者)同时产生一个周期性的空间调制，称为衍射光栅。相同结构单元物体或光栅的夫琅禾费衍射，应用相同结构单元衍射的位移-相移定理，使得讨论方便简单。

3.6.1　位移-相移定理与 Seelight 模拟

1. 位移-相移定理简述

设 (x_0, y_0) 平面上有一衍射单元 S，其透过率函数为 $\tilde{t}(x, y)$，若振幅为 A 的平面波垂直入射的夫琅禾费衍射光场为

$$\tilde{U}(\theta_1, \theta_2) = C \iint_{-\infty}^{\infty} \tilde{t}(x_0, y_0) \mathrm{e}^{-ik(\sin\theta_1 x_0 + \sin\theta_2 y_0)} \mathrm{d}x_0 \mathrm{d}y_0 \tag{3.39}$$

设衍射单元 S 在 (x_0, y_0) 平面内做一平移 (a, b)，如图 3.24 所示，平移后的衍射单元的透过率函数为

$$\tilde{t}'(x_0, y_0) = \tilde{t}(x_0 - a, y_0 - b)$$

其夫琅禾费衍射场为

$$\begin{aligned}
\tilde{U}'(\theta_1, \theta_2) &= C \iint_{-\infty}^{\infty} \tilde{t}(x_0 - a, y_0 - b) \mathrm{e}^{-ik(\sin\theta_1 x_0 + \sin\theta_2 y_0)} \mathrm{d}x_0 \mathrm{d}y_0 \\
&= C \iint_{-\infty}^{\infty} \tilde{t}(x_0, y_0) \mathrm{e}^{-ik[\sin\theta_1(x_0 + a) + \sin\theta_2(y_0 + b)]} \mathrm{d}x_0 \mathrm{d}y_0 \\
&= \mathrm{e}^{i(\delta_1 + \delta_2)} \tilde{U}(\theta_1, \theta_2)
\end{aligned} \tag{3.40}$$

式中，(θ_1, θ_2) 标定了夫琅禾费衍射场点的位置；相位因子 (δ_1, δ_2) 为

$$\delta_1 = -ka\sin\theta_1, \quad \delta_2 = -kb\sin\theta_2 \tag{3.41}$$

式 (3.40) 表明，在夫琅禾费衍射系统中，当衍射单元位移时，其衍射场与原单元衍射场只产生一相位因子相差，反之，衍射单元附加倾斜相移，其衍射场与原单元衍射场只产生位移，即两者的定量关系为

$$位移(a, b) \rightleftharpoons 相移(\delta_1, \delta_2)$$

其相移量 (δ_1, δ_2) 由式 (3.41) 确定。此即夫琅禾费衍射的位移-相移定理。由于夫琅禾费衍射实际上是一个傅里叶变换，位移-相移定理本质是傅里叶变换的位移定理。

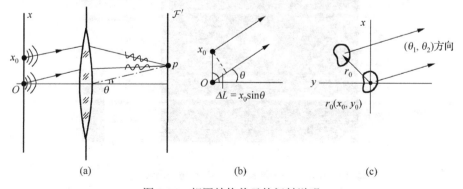

图 3.24　相同结构单元的衍射说明

2. 位移-相移定理在衍射场应用模拟

(1)倾斜相位光束远场衍射光斑产生位置改变(3E1_1 计算模型)。

为了方便显示，将两平行光源中的一束光附加上倾斜相位，根据位移-相移定理，该束光的远场衍射光斑产生相应的位移。模拟这一物理过程的模型如图 3.25(a)所示，模型包括平行光源模块、可调倾斜镜模块、合束器模块、理想透镜模块、真空传输模块以及图像显示模块，其中一平行光通过倾斜模块附加上倾斜相位。附加上倾斜相位的光束相对水平光束在远场衍射光斑产生了位移，如图 3.25(b)所示。

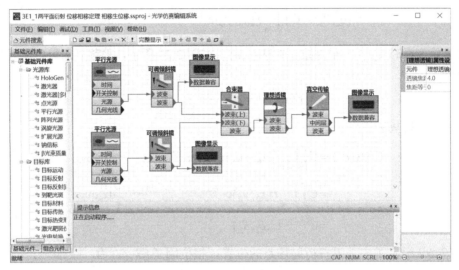

(a)

(b)

图 3.25　模拟相移产生位移过程计算模型与仿真结果

(2)光束位置改变使光束远场衍射光斑产生倾斜相位(3E1_2计算模型)。

当光束位置改变时，光束远场衍射光斑产生倾斜相位，通过两束光远场的叠加，显示相对相位的变化。中心光束的衍射场为$\tilde{U}_0(\theta)$，位移光束的衍射场为$\tilde{U}_1(\theta) = e^{ikd\sin\theta}\tilde{U}_0(\theta)$，两束光远场的叠加场为

$$\tilde{U}(\theta) = \left(1 + e^{ikd\sin\theta}\right)\tilde{U}_0(\theta)$$

计算模型如图3.26(a)所示，模型包括激光器模块、激光合束器模块、理想透镜模块、真空传输模块以及图像显示模块。通过激光合束器模块，其中一激光相对另一束存在位移，如图3.26(b)所示，这两束激光在透镜后焦平面的衍射场，相当于两个圆孔衍射的夫琅禾费衍射，它们的衍射场分布重叠，其中一束的衍射场相对另一束的衍射场产生了一倾斜相位。它们相干叠加，产生等间距的干涉条纹，如图3.26(c)所示，衍射场的分布特点是等倾斜干涉分布叠加上圆孔衍射场的调制。

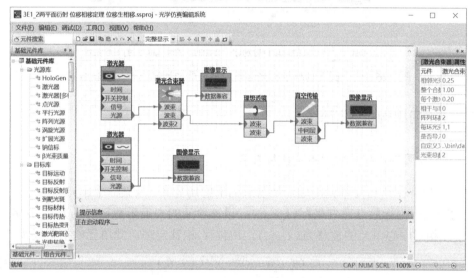

(a)模拟两个圆孔远场衍射光远场的叠加的计算模型

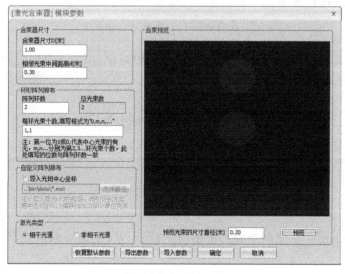

(b)两个单个圆孔的分布

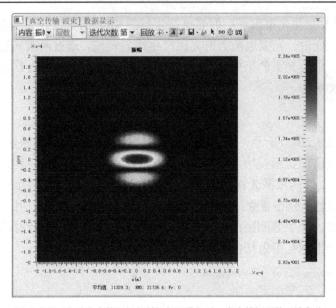

(c)具有相对位移光束的远场衍射场相干叠加时，产生等间距的干涉条纹

图 3.26　两个圆孔远场衍射光远场的相干叠加计算模型与仿真结果

3.6.2　多相同结构单元衍射

1. 多个相同单元构成的衍射屏的衍射场

讨论一个由 N 个相同单元构成的衍射屏的衍射场分布，以某一个单元为中心单元，以中心上的一点为坐标原点建立坐标 (x_0, y_0)，设该单元的夫琅禾费衍射场为 $\tilde{U}_0(\theta_1, \theta_2)$。设第 j 个单元相对中心单元的位移为 (x_j, y_j)，由位移-相移定理，此单元的衍射场为

$$\tilde{U}_j(\theta_1, \theta_2) = e^{i(\delta_{1j} + \delta_{2j})} \tilde{U}_0(\theta_1, \theta_2) \tag{3.42}$$

其中由位移产生的相移量为

$$(\delta_{1j}, \delta_{2j}) - -k(x_j \sin\theta_1, y_j \sin\theta_2) \tag{3.43}$$

这里我们定义中心单元为 $j=1$ 的单元，当 $j=1$ 时，$(\delta_{11}, \delta_{21}) = (0,0)$。由式(3.42)，可得 N 个相同单元的夫琅禾费衍射场为

$$\tilde{U}(\theta_1, \theta_2) = \sum_{j=1}^{N} \tilde{U}_j(\theta_1, \theta_2) = \tilde{U}_0(\theta_1, \theta_2) \tilde{S}(\theta_1, \theta_2) \tag{3.44}$$

式中，$\tilde{S}(\theta_1, \theta_2)$ 称为干涉，满足

$$\tilde{S}(\theta_1, \theta_2) = \sum_{j=1}^{N} e^{i(\delta_{1j} + \delta_{2j})} \tag{3.45}$$

其具体函数形式由单元之间的空间位置确定；$\tilde{U}_0(\theta_1, \theta_2)$ 为单元衍射因子，它由单元结构确定。

2. 多个相同单元衍射场的模拟

以 7 路相干光束的远场衍射为算例，模拟多光束衍射场的相干叠加。7 路光束排布如图 3.27(a) 所示，中心光束的衍射场为 $\tilde{U}_0(\theta_1,\theta_2)$，其他单元的衍射场为 $\tilde{U}_j(\theta_1,\theta_2)=e^{i(\delta_{1j}+\delta_{2j})}\tilde{U}_0(\theta_1,\theta_2)$，产生的附加相位由对应的位移确定。7 路的衍射场满足式 (3.44)。模拟这一物理过程的模型如图 3.27(b) 所示，模型包括 7 路激光器模块、激光合束器模块、理想透镜模块、真空传输模块以及图像显示模块。模拟中假设 7 路激光是相干的，它们产生的远场衍射光斑分布如图 3.27(c) 所示。

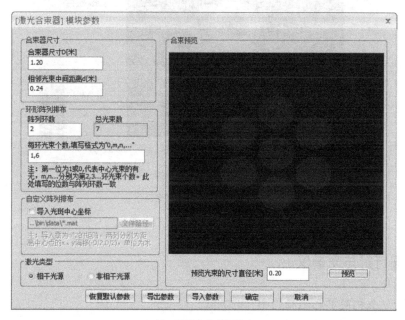

(a) 7 路激光束空间排布

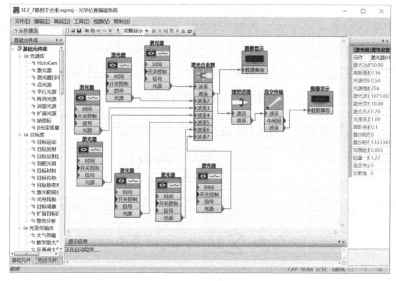

(b) 模拟 7 路相干光束远场衍射过程计算模型

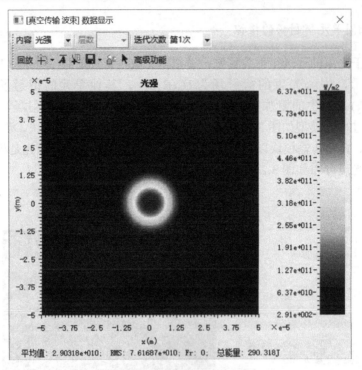

(c) 7 路相干激光的远场衍射光斑分布

图 3.27　模拟 7 路相干光束远场衍射过程计算模型与仿真结果

3.6.3　光栅衍射与光谱仪

1.　一维 N 个相同单元远场衍射

1) 一维 N 个相同单元远场衍射理论分析

设 N 个相同衍射单元沿 x 方向周期性排列，如图 3.28 所示，每一单元大小为 a，单元间的空间距离即排列周期为 d。N 个单元自上而下依次编号为 $1, 2, \cdots, N$，第 j 个单元相对第一个单元的位移为 $(j-1)d$，由位移-相移定理，该单元的衍射场为

$$\tilde{U}_j(\theta) = \mathrm{e}^{-\mathrm{i}(j-1)\delta}\tilde{U}_0(\theta) \tag{3.46}$$

式中，$\delta = d\sin\theta$；$\tilde{U}_0$ 是单元 1 的衍射场，由式 (3.32) 确定，即

$$\tilde{U}_0(\theta) = \tilde{c}\left[2\frac{J_1(ka\sin\theta)}{ka\sin\theta}\right]$$

N 个单元的衍射场为

$$\tilde{U}(\theta) = \sum_{j}^{N}\tilde{U}_j(\theta) = \tilde{U}_0(\theta)\tilde{S}(\theta) \tag{3.47}$$

结构因子 $\tilde{S}(\theta)$ 为

$$\tilde{S}(\theta) = \sum_{j=1}^{N} e^{-i(j-1)\delta} = \frac{1 - e^{-iN\delta}}{1 - e^{-i\delta}} = e^{-i(N-1)\delta}\left(\frac{\sin N\beta}{\sin \beta}\right) \tag{3.48}$$

式中，$\beta = \dfrac{\delta}{2} = \dfrac{\pi d \sin \theta}{\lambda}$，这里利用了公式 $(1 - e^{i\phi}) = -2ie^{i\phi/2}\sin(\phi/2)$。由以上两式得到光栅衍射场为

$$\tilde{U}(\theta) = \tilde{C}_0\left[\frac{J_1(ka\sin\theta)}{ka\sin\theta}\right]\left(\frac{\sin N\beta}{\sin \beta}\right) \tag{3.49}$$

式中，$\tilde{C}_0 = \tilde{C}e^{i(N-1)\beta}$，衍射强度为

$$I(\theta) = \left|\tilde{U}_0(\theta)\tilde{S}(\theta)\right|^2 = I_0\left[\frac{J_1(ka\sin\theta)}{ka\sin\theta}\right]^2\left(\frac{\sin N\beta}{\sin \beta}\right)^2 \tag{3.50}$$

式中，$I_0 = \left|\tilde{C}_0\right|^2$，为单缝衍射零级中心衍射强度；$\left[\dfrac{J_1(ka\sin\theta)}{ka\sin\theta}\right]^2$ 和 $\left(\dfrac{\sin N\beta}{\sin \beta}\right)^2$ 分别称为强度单元因子和强度结构因子。

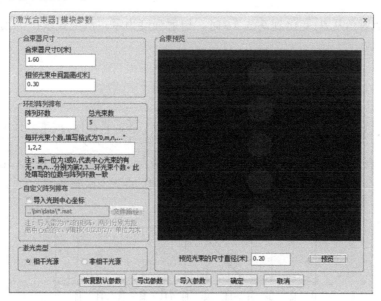

图 3.28　五个圆孔单元周期一维排列

2) 一维 N 个周期单元衍射强度分布特征

（1）主衍射衍射级。在式 (3.50) 中，强度结构因子 $\left(\dfrac{\sin N\beta}{\sin \beta}\right)^2$ 的变化如图 3.29 (b) 所示，由 $\beta = \dfrac{\pi d \sin \theta}{\lambda}$，当场点位置 θ 满足

$$d \sin \theta_m = m\lambda, \quad m = 0, \pm 1, \pm 2, \cdots \tag{3.51}$$

时，强度结构因子取最大值 N^2，此时衍射强度为

$$I(\theta_m) = N^2 I_0 \left[\frac{J_1(ka\sin\theta)}{ka\sin\theta} \right]^2 \tag{3.52}$$

其强度分布表现为强度结构因子被强度单元因子 $\left[\dfrac{J_1(ka\sin\theta)}{ka\sin\theta} \right]^2$ 所调制，如图 3.29 所示。

式 (3.51) 称为光栅方程，它给出了正入射条件下衍射主亮条纹的位置，式中给定 m 值称为第 m 主衍射级。

（2）主衍射级半角宽度。由强度结构因子还可看出，在第 m 级主衍射峰的左右衍射场位置 $\theta_m \pm \Delta\theta$ 满足

$$d\sin(\theta_m \pm \Delta\theta) = \left(m \pm \frac{1}{N} \right)\lambda \tag{3.53}$$

时，强度结构因子为零，即第 m 级主峰值的第一个强度零点。一般 $\Delta\theta$ 为一小量，由式 (3.53) 可求得

$$d\cos\theta_m \Delta\theta = \frac{\lambda}{N}$$

即当 m 级主衍射角从 θ_m 变化到 $\theta_m \pm \Delta\theta$ 时，衍射强度为零，从上式求得 m 级主衍射峰的半角宽度为

$$\Delta\theta_m = \frac{\lambda}{Nd\cos\theta_m} \tag{3.54}$$

类似于式 (3.53)，如果衍射角满足 $d\sin(\theta_m \pm \Delta\theta_j) = \left(m \pm \dfrac{j}{N} \right)\lambda, j = 1, 2, \cdots, N-1$，强度结构因子为零，表明在两个主衍射峰之间有 $N-1$ 个零点，即 $N-1$ 个暗条纹；在每两个暗条纹之间必有一个次亮条纹，故在两个主衍射峰之间有 $N-2$ 个次亮条纹。

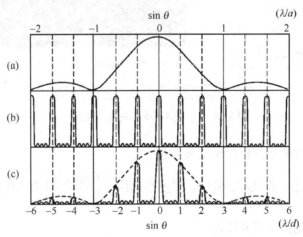

图 3.29　光栅衍射强度分布

3）五个一维周期圆孔单元衍射强度模拟

五个圆孔周期排列如图 3.28 所示，Seelight 计算模型 (3E3) 如图 3.30 (a) 所示。模型包

括 5 路平行光源模块、激光合束器模块、理想透镜模块、真空传输模块以及图像显示模块。模拟中假设 5 路平行光束是相干的，它们产生的远场衍射光斑分布如图 3.30(b)所示。为便于比较，图 3.30(c)给出了单孔的衍射场分布。从图 3.30(b)中可以看到，每一级衍射主极大受单元衍射因子调制，即干涉条纹中看到衍射环分布，或者在衍射环中出现干涉条纹。干涉条纹体现了 5 个衍射场的叠加，表现在相邻主极大之间，存在 4 个零值暗条纹(满足光栅衍射暗条纹数 $N-1$ 的规律)和 2 个次极大(满足 $N-2$ 的规律)。

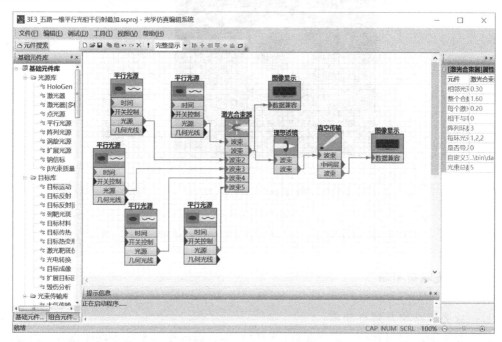

(a)五个相同单元一维排列的衍射计算模型

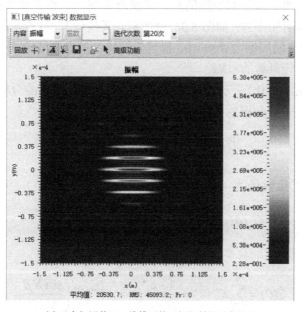

(b)五个相同单元一维排列的远场衍射场强度分布

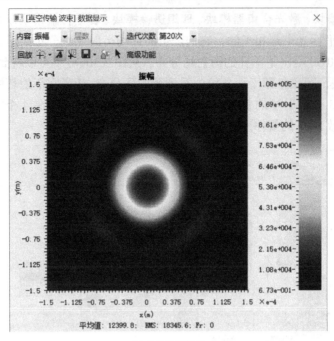

(c) 单孔的衍射场

图 3.30　五个相同单元一维排列的衍射计算模型与仿真结果

2. 一维光栅衍射场

1) 一维光栅结构与解析分析

对入射光的振幅或相位，或二者只在空间某一方向产生一个周期性的调制，构成一维衍射光栅。其中最简单、最早被制成的是一维狭缝光栅，一维光栅的狭缝平行于 x 方向，N 个狭缝沿 y 方向周期性排列，如图 3.31(a) 所示，其狭缝宽度（透光部分）为 a，挡光部分的宽度为 b，光栅的空间周期为 $d=a+b$。描述光栅特征的参数还有：单元（狭缝）密度 $1/d$；光栅有效宽度 D；单元总数 $N=D/d$。

光栅衍射通过图 3.31(b) 所示的方法观测，一维光栅衍射场的分析方法与 N 个周期排列单元衍射场相同。一维光栅的衍射场为

$$\tilde{U}(\theta) = \sum_{j}^{N} \tilde{U}_j(\theta) = \tilde{U}_0(\theta)\tilde{S}(\theta) \tag{3.55}$$

式中，$\tilde{U}_0$ 是单元 1 的衍射场为

$$\tilde{U}_0(\theta) = \tilde{c}e^{ikf}e^{i\frac{kf}{2}\sin^2\theta}\frac{\sin\alpha}{\alpha}, \quad \alpha = \frac{\pi a\sin\theta}{\lambda}$$

结构因子 $\tilde{S}(\theta)$ 为

$$\tilde{S}(\theta) = \sum_{j=1}^{N} e^{-i(j-1)\delta} = \frac{1-e^{-iN\delta}}{1-e^{-i\delta}} = e^{-i(N-1)\delta}\left(\frac{\sin N\beta}{\sin\beta}\right)$$

式中，$\beta = \dfrac{\delta}{2} = \dfrac{\pi d \sin\theta}{\lambda}$；$\delta = d\sin\theta$。一维光栅的衍射强度为

$$I(\theta) = \left| \tilde{U}_0(\theta)\tilde{S}(\theta) \right|^2 = I_0 \left(\frac{\sin\alpha}{\alpha} \right)^2 \left(\frac{\sin N\beta}{\sin\beta} \right)^2 \tag{3.56}$$

式中，$I_0 = \left| \tilde{C}_0 \right|^2$，为单缝衍射零级中心衍射强度，$\tilde{C}_0 = \tilde{C}e^{i(N-1)\beta}$；$\left(\dfrac{\sin\alpha}{\alpha} \right)^2$ 和 $\left(\dfrac{\sin N\beta}{\sin\beta} \right)^2$ 分别称为强度单元因子和强度结构因子。

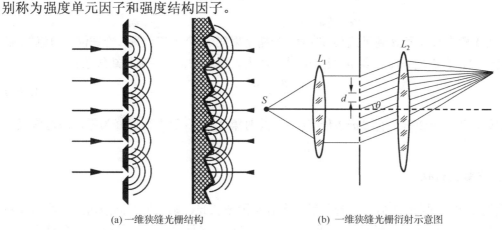

(a) 一维狭缝光栅结构　　　　　　(b) 一维狭缝光栅衍射示意图

图 3.31　一维狭缝光栅结构与一维狭缝光栅衍射示意图

2) 一维光栅衍射强度分布的主要特征

(1) 主衍射级半角宽度。由强度结构因子还可看出，在第 m 级主衍射峰的左右衍射场位置 $\theta_m \pm \Delta\theta$ 满足

$$d\sin(\theta_m \pm \Delta\theta) = \left(m \pm \frac{1}{N} \right)\lambda \tag{3.57}$$

时，强度结构因子为零，即第 m 级主峰值的第一个强度零点。一般 $\Delta\theta$ 为一小量，由式 (3.57) 可求得

$$d\cos\theta_m \Delta\theta = \frac{\lambda}{N}$$

即当 m 级主衍射角从 θ_m 变化到 $\theta_m \pm \Delta\theta$ 时，衍射强度为零，从上式求得 m 级主衍射峰的半角宽度为

$$\Delta\theta_m = \frac{\lambda}{Nd\cos\theta_m} \quad \text{或} \quad \Delta\theta_m = \frac{\lambda}{D\cos\theta_m} \tag{3.58}$$

式 (3.58) 表明衍射主峰角宽度只与波长和光栅有效宽度有关，与光栅细节如光栅常数 d 等参数无关。

(2) 主衍射级缺级条件。考虑强度单元因子 $\left(\dfrac{\sin\alpha}{\alpha} \right)^2$，当 α 满足

$$\alpha = \frac{\pi a \sin \theta_{m'}}{\lambda} = m'\pi, \quad a \sin \theta_{m'} = m'\lambda, \quad m' = 0, \pm 1, \pm 2, \cdots \tag{3.59}$$

时，强度单元因子为零。如果此衍射角恰好使式(3.60)成立，即该零点位置正好在强度结构因子取最大值——主衍射峰处，这两项的作用，使得衍射为零。表明强度单元因子的调制作用，在某些情况下可能出现某些主峰消失，即缺级，缺级条件由

$$d \sin \theta_m = m\lambda$$
$$a \sin \theta_{m'} = m'\lambda, \quad m, m' = 0, \pm 1, \pm 2, \cdots \tag{3.60}$$
$$\theta_m = \theta_{m'}$$

确定。当光栅参数 a 和 d 满足式(3.60)时，光栅衍射第 m 个主峰位置，恰好位于单缝第 m' 个零点位置，有 $I(\theta_m) = 0$，第 m 级主衍射峰消失。由式(3.60)可求得缺级条件

$$\frac{d}{a} = \frac{m}{m'} \tag{3.61}$$

例如，当 $d/a=2$ 时，有 $d/a=2/1=4/2\cdots$，此时第 2, 4, $\cdots$ 等主衍射峰为零，即这些级为缺级。

3. 光栅光谱仪

根据光栅方程(式(3.51))，若入射光含有不同波长光，则它们的同级衍射主峰值在不同的方位角 θ_m 形成衍射强线排列，即光谱。人们利用光栅这一分光特性制成多种光栅光谱仪，图 3.32 给出光栅光谱仪的原理图。光通过狭缝 S_1，经透镜形成平行光，入射到光栅上，再通过透镜将衍射光束聚焦在焦平面上，记录光谱有两种方法：①采用摄谱方法同时记录入射到焦平面上的全部光谱；②在焦平面采用狭缝 S_2，通过转动光栅，使不同波长的衍射主极强依次通过狭缝进行记录。光栅光谱仪的基本性能，一般通过色散本领、色分辨本领和色散范围描述。

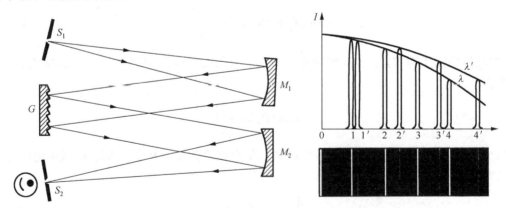

图 3.32　光栅光谱仪的原理

1) 光栅的色散本领

设波长为 λ 和 $\lambda' = \lambda + \delta\lambda$ 两束光经光栅衍射，它们 m 级衍射主峰衍射角为 θ_m 和 $\theta_m + \delta\theta$，这两束光的角分开程度用角色散本领 D_θ：

$$D_\theta = \frac{\delta\theta}{\delta\lambda} \tag{3.62}$$

描述，表明角色散本领是在某一波长附近，单位波长差在 m 主衍射级产生的衍射角间隔。由光栅方程 $d\sin\theta_m = m\lambda$，有

$$d\cos\theta_m\delta\theta = m\delta\lambda$$

得到

$$D_\theta = \frac{\delta\theta}{\delta\lambda} = \frac{m}{d\cos\theta_m} \tag{3.63}$$

式 (3.63) 表明，角色散本领与衍射级成正比与光栅常数成反比。

在光谱测量中，若用焦距为 f 的透镜进行光谱观测，不同波长的光谱在观测面上分开的线度为 $f\delta\theta$，人们用线色散本领 D_l：

$$D_l = \frac{\delta l}{\delta\lambda} = \frac{f\delta\theta}{\delta\lambda} \tag{3.64}$$

描述光谱的线分开程度。式 (3.64) 表示在某波长附近，单位波长差在观测面上光谱的线分开距离。由式 (3.64)，光栅的线分辨本领为

$$D_l = fD_\theta = f\frac{m}{d\cos\theta_m} \tag{3.65}$$

表明观测透镜的焦距越长，线色散越大。

2) 光栅的色分辨本领

由式 (3.58) 可知，每一波长的主衍射峰都有一定的角宽度，因此只有当两个相邻波长的光通过光栅后衍射角间隔达到一定值时，才可能被分辨，即为光栅光谱仪的色分辨本领。如图 3.33 所示，按瑞利判据，当相邻两谱线的分开的角宽度 $\delta\theta$，刚好与谱线的半角宽度 $\Delta\theta_m$ 相等时，刚好能分辨出这两条谱线。根据式 (3.58) 和式 (3.63)，令 $\delta\theta = \Delta\theta_m$，有

$$\delta\lambda = \frac{\lambda}{mN} \tag{3.66}$$

式 (3.66) 表示在波长 λ 光谱附近，第 m 级衍射能分辨的最小波长差。色分辨本领 R 定义为 $R = \frac{\lambda}{\delta\lambda}$，代入式 (3.66) 得

$$R = mN \tag{3.67}$$

光栅的色分辨本领与衍射级和光栅的单元总数 N 有关，N 越大色分辨本领越大，能分辨的波长差越小。

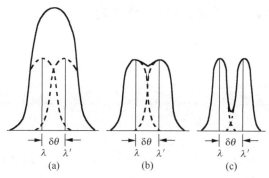

图 3.33　光栅光谱仪色分辨本领分析原理图

3) 光栅的色散范围

光栅的色散范围是描述不同衍射级光谱间的交叠。设入射光波长范围为 $\lambda \sim \lambda + \Delta\lambda$，如图 3.34 所示，从某一衍射级以后，可能出现较大波长的第 $m+1$ 衍射级与较小波长的第 m 衍射级的谱线发生交叠。当最大波长 $\lambda + \Delta\lambda$ 的第 m 级谱线与最小波长 λ 的 $m+1$ 级谱线刚好重叠时，即 $\theta_m^{\lambda+\Delta\lambda} = \theta_{m+1}^{\lambda}$，这时的波长差 $\Delta\lambda$，为该光栅的最大色散范围。应用光栅方程 $d\sin\theta_m^{\lambda+\Delta\lambda} = m(\lambda+\Delta\lambda)$，$d\sin\theta_{m+1}^{\lambda} = (m+1)\lambda$，可得光栅色散范围 $\Delta\lambda$ 为

$$\Delta\lambda = \frac{\lambda}{m} \tag{3.68}$$

由式 (3.68) 可知，光栅色散范围只与波长和衍射级有关。

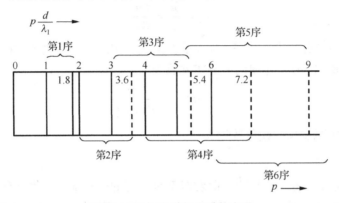

图 3.34　光栅光谱仪光谱的交叠

光栅多波长衍射的 Seelight 模拟仿真如图 3.35 所示。图 3.35(a) 为计算模块，模块中采用方孔二维陈列，模拟三个波长分别为 473nm、532nm 和 635nm，衍射光斑分布如图 3.35(b) 所示。

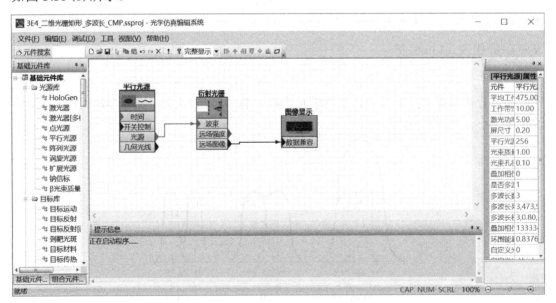

(a)

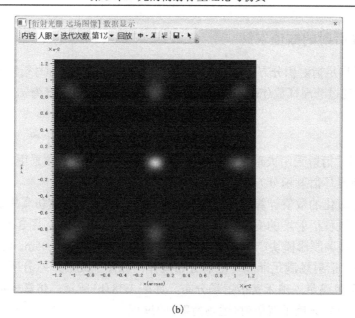

(b)

图 3.35 三个波长的二维方孔光栅衍射计算模块与模拟结果

3.7 菲涅耳衍射

3.7.1 菲涅耳衍射理论

入射光波通过衍射屏(图 3.36)，在衍射屏前方的任一点的波场，是该屏上各点产生的子波在该点的叠加。如 3.3 节所述，当衍射波源和观察场点满足傍轴近似时，光波衍射满足

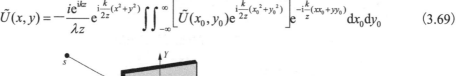

$$\tilde{U}(x,y) = -\frac{ie^{ikz}}{\lambda z}e^{i\frac{k}{2z}(x^2+y^2)}\iint_{-\infty}^{\infty}\left[\tilde{U}(x_0,y_0)e^{i\frac{k}{2z}(x_0^2+y_0^2)}\right]e^{-i\frac{k}{z}(xx_0+yy_0)}dx_0dy_0 \qquad (3.69)$$

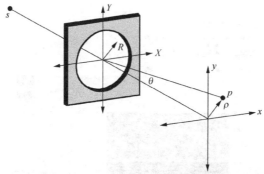

图 3.36 衍射屏的近场菲涅耳衍射

菲涅耳衍射方程(3.69)中被积函数指数项含有积分变量的二次式，使得衍射积分很难有解析解，对于给定的衍射屏，一般采用数值求解。另外，人们提出了一种更为直观的求解方法——菲涅耳波带方法，通过该方法不需要复杂的数值计算即能获得菲涅耳衍射的许多主要特征。

3.7.2　菲涅耳衍射的数值求解

菲涅耳衍射满足衍射积分方程(3.69)，当传输距离增大时，菲涅耳衍射转化为夫琅禾费衍射。转化条件通过菲涅耳数(Fresnel number)描述，假设衍射屏尺度为 a，菲涅耳数 N_F 为

$$N_F = \frac{a^2}{\lambda r_0} \tag{3.70}$$

当 $N_F \ll 1$ 时，衍射采用夫琅禾费衍射描述；当 $N_F \gg 1$ 时，必须采用菲涅耳衍射计算。通过数值计算菲涅耳衍射积分方程，展现光束衍射的演化过程。

菲涅耳衍射演化的数值计算(3G1)。图 3.37 为菲涅耳衍射数值仿真模块，计算模拟传输距离从小增大过程衍射场的变化规律，模拟结果如图 3.38 所示。图 3.38(a)是输入图像为方孔，通过光束调制器模块产生。当光波衍射传输距离分别为 0.05m、0.5m、5m、50m、100m、500m 时，衍射场满足菲涅耳衍射分布规律，如图 3.38(b)～(g)所示。当传输距离为 10km 时，衍射满足夫琅禾费衍射场分布，如图 3.38(h)所示。仿真模拟展现了从菲涅耳衍射(近场衍射)到夫琅禾费衍射(远场衍射)的过程。

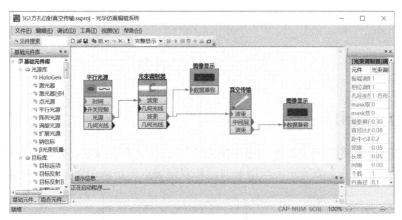

图 3.37　菲涅耳衍射计算模型

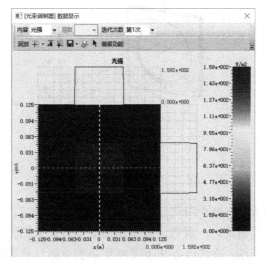

(a)模拟模型与输入图像

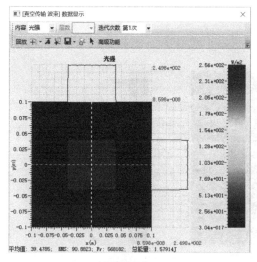
(b) 传输距离 0.05m

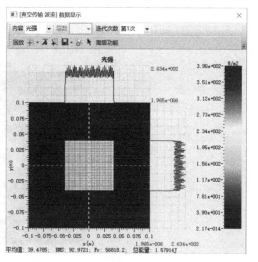
(c) 传输距离 0.5m

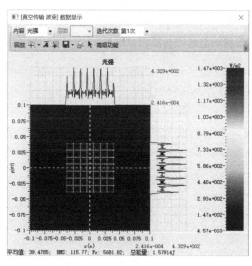
(d) 传输距离 5m

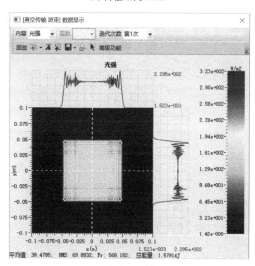
(e) 传输距离 50m

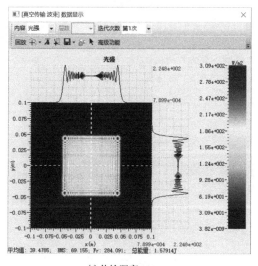
(f) 传输距离 100m

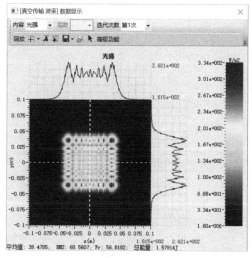
(g) 传输距离 500m

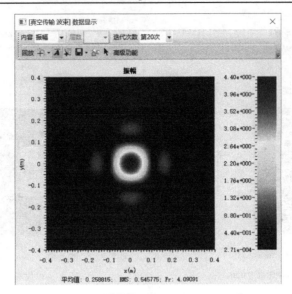

(h)传输距离 10km

图 3.38　方孔从菲涅耳衍射到夫琅禾费衍射过程仿真模拟结果

第 4 章　傅里叶光学基础概念与数值模拟

在夫琅禾费衍射中，透镜焦平面上观察到的光斑分布为夫琅禾费衍射斑(图 4.1)，这一衍射过程的数学描述与衍射屏函数的傅里叶变换形式几乎一样。如果图 4.1 中观察屏再向右移动到恰当的位置，将会观察到衍射屏的像，这体现了相干成像过程的衍射分析思想，这一思想最早由阿贝提出。在光学领域引入傅里叶变换概念，是现代光学的重大进展。在数学上，通过傅里叶变换过程，对光学信号的空间频率进行分解和合成，即对频谱按照预定的方式加以改变，如泽尼克相衬显微镜就是一个进行空间信号处理典型的例子。正是以傅里叶变换的观念来认识光学系统，由此发展形成了光学的一个学科分支——傅里叶光学(Fourier optics)，并导致了光学信息处理技术的兴起。本章将简单讨论傅里叶光学的基本思想、光学信息处理的基本原理，以及通过 Seelight 计算模型展现其丰富的物理内容。

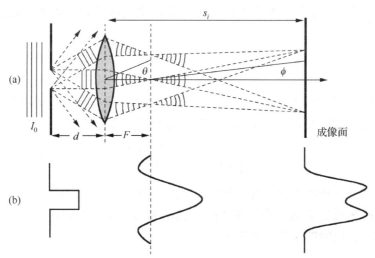

图 4.1　观察屏在透镜焦平面上观察到的光斑分布为夫琅禾费衍射斑

4.1　薄透镜相位变换器与傅里叶光学思想

透镜是光学成像系统和光学数据处理系统中最重要的元件。几何光学认为，当平行光入射正透镜时，在焦平面上产生一汇聚点。如果从波动光学观点考察，可认为是一平面波经过透镜后，变换为汇聚球面波，这一变换过程可以采用波动光学和光的衍射进行严格描述。

4.1.1　薄透镜的相位变换函数

假设透镜对入射光的吸收可忽略，同时满足薄透镜条件，即若有一条光线在入射面某

一点 (x, y) 入射，而从相对的出射面上近似相同的坐标点出射，如图 4.2(a) 所示，则薄透镜屏函数可表示为

$$\tilde{t}_L(x, y) = e^{i\varphi(x, y)} \tag{4.1}$$

表明如果将透镜看作衍射屏，它是相位型衍射屏，式中，$\varphi(x, y)$ 是出射波相位 $\varphi_2(x, y)$ 与入射波相位 $\varphi_1(x, y)$ 之差，在薄透镜和傍轴近似条件下，相位差 $\varphi(x, y)$ 为

$$\varphi(x, y) = kn\Delta_0 - k\frac{x^2 + y^2}{2F}$$

式中

$$F = \frac{1}{(n-1)\left(\dfrac{1}{r_1} - \dfrac{1}{r_2}\right)} \tag{4.2}$$

式中，n 为透镜折射率；Δ_0 为透镜轴上的最大厚度；$r_{1,2}$ 为透镜曲率半径(曲率半径 $r_{1,2}$ 的符号规定：当光线从左至右传输时，遇到的凸面的曲率半径为正，凹面的曲率半径为负，故 r_1 为正，r_2 为负)。将式 (4.2) 代入透镜屏函数，略去常数相位因子，则薄透镜的屏函数为

$$\tilde{t}_L(x, y) = e^{-ik\frac{x^2+y^2}{2F}} \tag{4.3}$$

式 (4.3) 给出了薄透镜对入射光变换的基本表达式，这里忽略了透镜的有限大小。为了理解参量 F 的物理意义，设一平面波垂直入射透镜，透镜后侧面的出射波为

$$\tilde{U}_2 = A\tilde{t}_L(x, y) = Ae^{-ik\frac{x^2+y^2}{2F}}$$

上式是傍轴近似下的球面波波函数，其球心坐标为 $(0, 0, F)$。如果 F 大于零，则球面波将在透镜轴上距离透镜 F 处一点汇聚，即 F 为透镜的焦距；若 F 小于零，则出射波为发散球面波，球心在透镜的左侧，如图 4.3 所示。

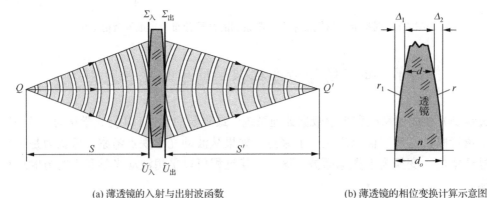

(a) 薄透镜的入射与出射波函数　　　　　　(b) 薄透镜的相位变换计算示意图

图 4.2　薄透镜的入射与出射波函数以及薄透镜的相位变换计算示意图

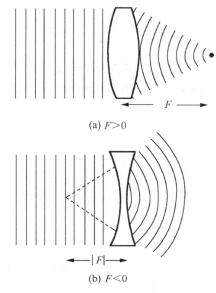

(a) $F>0$

(b) $F<0$

图 4.3 平面波经薄透镜变换后为球面波

4.1.2 透镜衍射的傅里叶变换性质

透镜的最重要的性质之一是将数学上傅里叶变换方法通过透镜器件付诸实现。通过图 4.4 所示的两种最简单的光路讨论透镜如何实现傅里叶变换。

1. 透镜作为衍射屏的衍射性质

以一单色平面波 $\tilde{U}_o = A$ 垂直入射透镜，透镜的衍射屏函数满足式 (4.3)，平面波经透镜后的波函数复振幅 $\tilde{U}_l$ 为

$$\tilde{U}_l = \tilde{U}_o P(x,y)\tilde{t}_L = \tilde{U}_o P(x,y)e^{-ik\frac{x^2+y^2}{2F}} \tag{4.4}$$

式中，$P(x, y)$ 是透镜的光瞳函数：

$$P(x,y) = \begin{cases} 1, & 透镜孔内 \\ 0, & 透镜孔外 \end{cases}$$

利用菲涅耳衍射公式，在透镜后焦平面的衍射场为

$$\tilde{U}_f(u,v) = -\frac{ie^{ikf}}{\lambda F}e^{i\frac{k}{2F}(u^2+v^2)}\iint_{-\infty}^{\infty}\tilde{U}_l(x,y)e^{i\frac{k}{2F}(x^2+y^2)}e^{-i\frac{k}{F}(ux+vy)}dxdy \tag{4.5}$$

将式 (4.4) 代入式 (4.5)，被积函数中的两项指数二次因子刚好相互抵消，有

$$\tilde{U}_f(u,\ v) = -\frac{ie^{ikF}}{\lambda F}e^{i\frac{k}{2F}(u^2+v^2)}\iint_{-\infty}^{\infty}\tilde{U}_o(x,y)P(x,y)e^{-i\frac{k}{F}(ux+vy)}dxdy \tag{4.6}$$

式 (4.6) 表明，焦平面上的衍射场与透镜孔径中入射场的傅里叶变换成正比。如果式 (4.6) 积分中不体现瞳函数，积分只在透镜衍射面 S 上进行，则衍射场为

$$\tilde{U}_f(u,v) = -\frac{ie^{ikF}}{\lambda F}e^{i\frac{k}{2F}(u^2+v^2)}\iint_S \tilde{U}_o(x,y)e^{-i\frac{k}{F}(ux+vy)}\mathrm{d}x\mathrm{d}y \tag{4.7}$$

即透镜焦平面上的衍射场就是入射到透镜上的光场的夫琅禾费衍射。在式(4.7)中除了与场点有关的二次指数相位因子外，衍射场是入射场的傅里叶变换，其频率为 $f_x = u/\lambda F$，$f_v = v/\lambda F$。

焦平面上衍射场的光强分布为

$$I_f(u,v) = \frac{A^2}{(\lambda F)^2}\left|\iint_S \tilde{U}_o(x,y)e^{-i\frac{k}{F}(ux+vy)}\mathrm{d}x\mathrm{d}y\right|^2 \tag{4.8}$$

这时式(4.7)中的二次指数相位因子不重要了。若要讨论光波的进一步传播，这时二次指数相位因子必须考虑在内。

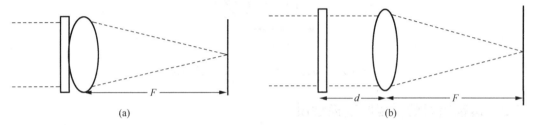

图 4.4　衍射屏通过透镜时衍射场分析光路图

2. 衍射屏紧贴透镜

将一衍射屏紧贴透镜面放置，如图 4.4(a)所示，衍射屏的屏函数为 $\tilde{t}(x,y)$。设平行光 $\tilde{U}_o = A$ 垂直衍射屏入射，经透镜后的波函数为

$$\tilde{U}_l = \tilde{U}_o\tilde{t}P(x,y)\tilde{t}_L = \tilde{U}_o\tilde{t}P(x,y)e^{-ik\frac{x^2+y^2}{2F}}$$

焦平面的夫琅禾费衍射场为

$$\begin{aligned}
\tilde{U}_f(u,\ v) &= -\frac{ie^{ikf}}{\lambda F}e^{i\frac{k}{2F}(u^2+v^2)}\iint_{-\infty}^{\infty}\tilde{U}_l(x,y)e^{i\frac{k}{2F}(x^2+y^2)}e^{-i\frac{k}{F}(ux+vy)}\mathrm{d}x\mathrm{d}y \\
&= -\frac{iAe^{ikF}}{\lambda F}e^{i\frac{k}{2F}(u^2+v^2)}\iint_S \tilde{t}(x,y)e^{-i\frac{k}{F}(ux+vy)}\mathrm{d}x\mathrm{d}y
\end{aligned} \tag{4.9}$$

式(4.9)积分表示衍射屏在焦平面的衍射场，是屏函数的傅里叶变换。

3. 衍射屏位于透镜之前

现在讨论较一般的情形，如图 4.4(b)所示衍射屏位于透镜前 d 处。一垂直入射的平面波照射衍射屏，由菲涅耳衍射，光波从衍射屏传播到透镜前的波函数为

$$\tilde{U}_l'(x,y) = \tilde{U}_o(x,y)\otimes h(x,y) \tag{4.10}$$

式中，$\tilde{U}_o = A\tilde{t}(x,y)$；$h(x,y)$ 满足：

光波 $\tilde{U}_l'(x,y)$ 通过透镜后的波函数为

$$h(x,y) = -\frac{ie^{ikd}}{\lambda d}e^{i\frac{k}{2d}(x^2+y^2)}$$

$$\tilde{U}_l = \tilde{U}_l'(x,y)P(x,y)\mathrm{e}^{-\mathrm{i}k\frac{x^2+y^2}{2F}} = \tilde{U}_o(x,y) \otimes h(x,y)\left[P(x,y)\mathrm{e}^{-\mathrm{i}k\frac{x^2+y^2}{2F}}\right]$$

同样利用菲涅耳衍射公式，将上式代入式 (4.5)，得到透镜后焦平面的衍射场：

$$\tilde{U}_f(u,v) = -\frac{i\mathrm{e}^{\mathrm{i}kF}}{\lambda F}\mathrm{e}^{\mathrm{i}\frac{k}{2F}(u^2+v^2)}\iint_{-\infty}^{\infty}\tilde{U}_o(x,y)\otimes h(x,y)\mathrm{e}^{-\mathrm{i}\frac{k}{F}(ux+vy)}\mathrm{d}x\mathrm{d}y \tag{4.11}$$

这里没有考虑透镜孔径的有限大小效应。式 (4.11) 中积分是一个傅里叶变换，被积函数为两个函数的卷积。根据傅里叶变换性质，两个卷积函数的傅里叶变换等于它们分别进行傅里叶变换的乘积，因此有

$$\mathbb{F}\left\{\tilde{U}_o(x,y)\otimes h(x,y)\right\} = F_o(f_x,f_y)\cdot H(f_x,f_y) = F_o(f_x,f_y)\mathrm{e}^{-\mathrm{i}\pi d(f_x^2+f_y^2)} \tag{4.12}$$

式中，$\mathbb{F}\{\}$ 表示傅里叶变换；等号右边分别为函数 $\tilde{U}_o(x,y)$ 和 $h(x,y)$ 的傅里叶变换：

$$F_o(f_x,f_y) = \mathbb{F}\left\{\tilde{U}_o\right\} = \mathbb{F}\left\{At(x,y)\right\}, \quad H(f_x,f_y) = \mathbb{F}\left\{h(x,y)\right\} = \mathrm{e}^{-\mathrm{i}\pi d(f_x^2+f_y^2)}$$

将式 (4.12) 代入式 (4.11)，有

$$\begin{aligned}\tilde{U}_f(u,\ v) &= -\frac{i\mathrm{e}^{\mathrm{i}kF}}{\lambda F}\mathrm{e}^{\mathrm{i}\frac{k}{2F}\left(1-\frac{d}{F}\right)(u^2+v^2)}F_o(f_x,f_y)\\&= -\frac{Ai\mathrm{e}^{\mathrm{i}kF}}{\lambda F}\mathrm{e}^{\mathrm{i}\frac{k}{2F}\left(1-\frac{d}{F}\right)(u^2+v^2)}\iint_{-\infty}^{\infty}\tilde{t}(\xi,\eta)\mathrm{e}^{-\mathrm{i}\frac{k}{F}(u\xi+v\eta)}\mathrm{d}\xi\mathrm{d}\eta\end{aligned} \tag{4.13}$$

式 (4.13) 与图 4.4(a) 的结果相似，同样除了与场点有关的二次指数相位因子外，焦平面的衍射场是衍射屏的傅里叶变换，当 $d=F$ 时，得到衍射屏函数与衍射场是完全的傅里叶变换关系。

通过两种较为简单的情形，在认为透镜孔径足够大时，得到透镜焦平面上的衍射场与衍射屏函数的傅里叶变换成正比，更一般的情形这里不作讨论，同样可得到与式 (4.7) 和式 (4.13) 相似的关系。

4. 傅里叶光学的基本思想

屏函数的傅里叶变换实际上是将屏函数转化为许多平面波的叠加，每一个平面波的传播方向为 $\sin\theta_x = u/F = \lambda f_x$，$\sin\theta_y = v/F = \lambda f_y$，在透镜焦平面焦距对应为亮点，即衍射斑（若考虑透镜孔径大小，衍射斑为艾里斑）。式 (4.7)、式 (4.9) 和式 (4.13) 表明，屏函数（输入图像）的空间频率谱与透镜焦平面的衍射斑一一对应，即后焦平面是输入图像的傅里叶频谱面，即透镜是图像的一个空间频谱分析器。傅里叶光学的基本思想是，对衍射屏（或物点的图像）产生的复杂波前进行傅里叶变换，衍射场分解为一系列不同方向、不同振幅的平面衍射波；特定方向的平面衍射波，出现在夫琅禾费衍射场的相应位置，实现了分谱，若在衍射场平面对频谱进行选择，就实现了空间滤波操作，因此傅里叶光学也是空间滤波和光学信息处理的理论基础。

4.1.3　余弦光栅的衍射场

一个典型的沿 x 轴方向的一维余弦光栅的屏函数（或透过率函数）为

$$\tilde{t}(x, y) = t_0 + t_1 \cos(2\pi f_0 x + \varphi_0) \tag{4.14}$$

式中，f_0 为空间频率，空间周期 $d=1/f_0$。让单色平行光垂直照射光栅，设入射波的波函数为 $\tilde{U}_1 = A$，经余弦光栅后透射波波函数为

$$\tilde{U}_2(x, y) = \tilde{t}\tilde{U}_1 = A[t_0 + t_1 \cos(2\pi f_0 x + \varphi_0)]$$

应用欧拉公式，并取 $\varphi_0 = 0$，上式可分解为

$$\tilde{U}_2(x, y) = \tilde{U}_0 + \tilde{U}_+ + \tilde{U}_- \tag{4.15}$$

式中

$$\tilde{U}_0 = At_0, \quad \tilde{U}_+ = \frac{1}{2} At_1 e^{i2\pi f_0 x} = At_1 e^{ik(f_0\lambda)x}$$

$$\tilde{U}_- = \frac{1}{2} At_1 e^{-i2\pi f_0 x} = At_1 e^{ik(-f_0\lambda)x}$$

可见透射波函数的衍射场分解为三列平面波，一列正出射，两列向上和向下斜出射，倾角为

$$\sin\theta_\pm = \pm f_0 \lambda$$

通过几何成像理论简单分析可知，在透镜后焦平面与这三个平面波传播方向对应的位置上，可以观测到这三列平面波的像，即余弦光栅的夫琅禾费衍射场分布，如图 4.5 所示。

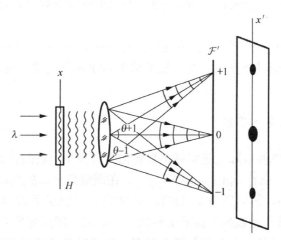

图 4.5　余弦光栅衍射场分布

另外，若直接将余弦光栅函数(4.14)代入式(4.13)，利用傅里叶变换公式可以得到相同的结果。若考虑实际光栅的宽度或透镜孔径的尺度 D，这三列衍射波在透镜后焦平面上的衍射斑，与几何光学给出的亮点不同，而是半角宽度分别为

$$\Delta\theta_0 \approx \frac{\lambda}{D}, \quad \Delta\theta_\pm \approx \frac{\lambda}{D\cos\theta_\pm}$$

的三个衍射斑。余弦光栅衍射这一简单例子的分析，可以得到通过屏函数的平面波展开中

相位因子，就可以获得衍射场衍射斑的位置分布。

余弦光栅琅禾费衍射仿真模拟结果如下。

通过余弦光栅进行圆孔形物产生三个衍射光斑的仿真模拟，计算模型(4A1)如图 4.6(a)所示。模型中包含平行光源模块、两个光束调制器(第一个光束调制器生成余弦光栅屏见图 4.6(b)，第二个光束调制器生成圆形孔见图 4.6(c))模块、理想透镜模块和真空传输模块。余弦光栅先通过 MATLAB 产生，再嵌入到光束调制器模块中。在圆孔通过余弦光栅在透镜焦平面得到的三个衍射斑，如图 4.6(d)所示。

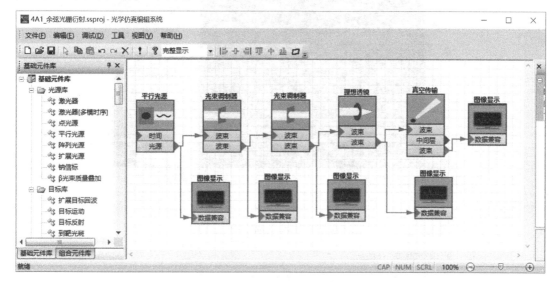

(a) 模拟圆孔通过入射余弦光栅衍射屏的衍射场计算仿真模块

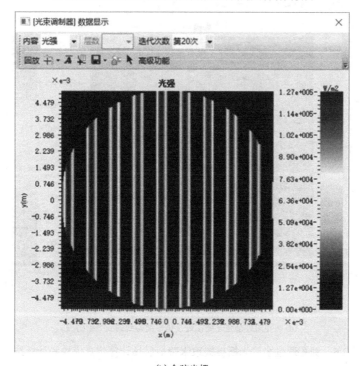

(b) 余弦光栅

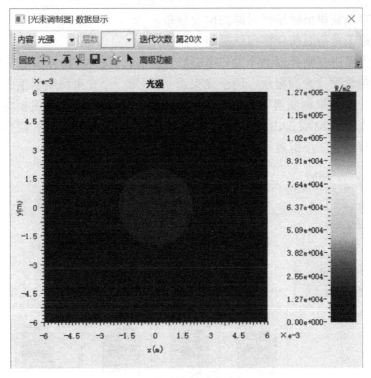

(c)光束调制器生成的圆孔

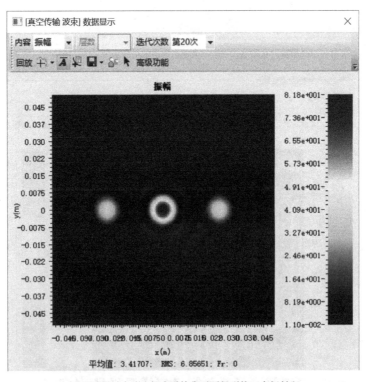

(d)圆孔通过余弦光栅在透镜焦平面得到的三个衍射斑

图 4.6　圆孔通过余弦光栅屏夫琅禾费衍射场计算仿真模块和计算结果

4.2 阿贝成像原理与空间滤波

4.2.1 阿贝成像原理

德国科学家阿贝在研究如何提供显微镜分辨本领时，从光的衍射和干涉角度，提出了一个关于相干成像原理。从现代傅里叶变换光学观点来看，阿贝成像原理为空间滤波和信息处理的概念奠定了基础。傅里叶光学成为光学信息处理的理论基础，人们根据需要，可以任意变化空间频谱。这类实验首先是由阿贝于 1893 年提出，而后波特于 1906 年报道的。他们的实验是为了验证阿贝提出的显微镜相干成像理论，并诠释阿贝成像的物理含义。

以一束单色平行光照射物体，为了讨论方便，假设物体为线形物体，用 A、B 和 O 分别表示物体的上、下端点和中心，通过透镜相干成像，如图 4.7 所示。从几何光学成像观点看，物体上的点 A、B、O 等经透镜后成像对应的点 A'、B'、O' 等。

从光的夫琅禾费衍射的频谱变换观点来看，相干成像过程分为两步完成。第一步是平面波照射物体，发生夫琅禾费衍射，在透镜后焦平面上衍射场形成与物体平面波集合一一对应的衍射斑；第二步是将衍射斑看成一个个点源，这些点源发出次级波，在像平面上相干叠加，形成的干涉图样就是物体所成的像。这种相干成像过程的两步分析观点称为阿贝成像原理。

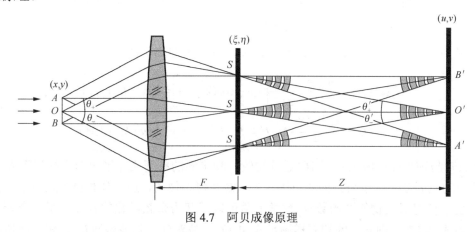

图 4.7 阿贝成像原理

我们以余弦光栅为物的成像过程，来说明阿贝成像原理，因为余弦函数是任何图像傅里叶展开的基元函数。由 4.1 节，平行光入射余弦光栅，其透过率函数，即物的波前函数为

$$\tilde{U}_o(x,y) = A[1 + \cos(2\pi f_0 x + \varphi_0)] = A\left[1 + \frac{1}{2}(e^{i2\pi f_0 x} + e^{-i2\pi f_0 x})\right] \tag{4.16}$$

这里为分析方便，取 $t_0 = t_1 = 1$。式(4.16)中物函数为三列平面波的叠加，它们在透镜后焦平面上形成三个夫琅禾费衍射斑 S_0 和 $S_\pm$。将它们看成三个点源，在像平面产生干涉场。设焦平面坐标为 (ξ, η)，像平面坐标为 (u, v)，在傍轴近似条件下，根据 $\tilde{U}(P) \approx \frac{A}{r}e^{ikr} \approx \frac{Ae^{ikz}}{Z}e^{ik\frac{\rho_0^2 + \rho^2 - 2(xx_0 + yy_0)}{2z}}$，则点源 S_0 和 $S_\pm$ 在像平面的波函数为

$$\tilde{U}_{S_o}(u,v) = \frac{A_{S_o}\mathrm{e}^{\mathrm{i}kz}}{z}\mathrm{e}^{\mathrm{i}k\frac{\rho^2}{2z}} = \frac{A_{S_o}\mathrm{e}^{\mathrm{i}k(S_oO')}}{z}\mathrm{e}^{\mathrm{i}k\frac{\rho^2}{2z}}$$

$$\tilde{U}_{S_\pm}(u,v) = \frac{A_{S_\pm}\mathrm{e}^{\mathrm{i}kz}}{z}\mathrm{e}^{\mathrm{i}k\frac{\rho_0^2+\rho^2-2\xi_\pm u}{2z}} = \frac{A_{S_\pm}\mathrm{e}^{\mathrm{i}k(S_\pm O')}}{z}\mathrm{e}^{\mathrm{i}k\frac{\rho^2-2\xi_\pm u}{2z}}$$

式中

$$\rho_0^2 = \xi^2+\eta^2, \quad \rho^2 = u^2+v^2, \quad S_\pm O' = z+\frac{\rho_0^2}{2z}$$

系数 A_{S_o} 和 $A_{S_\pm}$ 的振幅分别为 A 和 $A/2$，相位由光栅中心 O 分别到 S_o 和 $S_\pm$ 的光程确定，即

$$A_{S_o} = A\mathrm{e}^{\mathrm{i}k(OS_o)}, \quad A_{S_\pm} = \frac{A}{2}\mathrm{e}^{\mathrm{i}k(OS_\pm)}$$

综合以上各式，在傍轴近似条件下，光线经透镜会聚角 $\theta'_\pm$ 满足 $\sin\theta'_\pm \approx \dfrac{\xi_\pm}{z}$ 和物像等光程性：

$$(OS_oO') = (OS_o)+(S_oO') = (OS_+)+(S_+O') = (OS_-)+(S_-O')$$

得到像平面的干涉场为

$$\tilde{U}_I(u,v) = \tilde{U}_{S_o}(u,v) + \tilde{U}_{S_+}(u,v) + \tilde{U}_{S_-}(u,v) = A\mathrm{e}^{\mathrm{i}k\frac{\rho^2}{2z}}\frac{\mathrm{e}^{\mathrm{i}k(OS_oO')}}{z}\left[1+\frac{1}{2}(\mathrm{e}^{-\mathrm{i}ku\sin\theta'_+}+\mathrm{e}^{-\mathrm{i}ku\sin\theta'_-})\right]$$

由于 ±1 级衍射波的方向角 $\theta_\pm$ 与会聚角 $\theta'_\pm$ 相对应，它们满足阿贝正弦条件：

$$\sin\theta_\pm = M\sin\theta'_\pm$$

式中，M 为透镜的横向放大率；$\sin\theta_\pm = \pm f_0\lambda$。则像平面的干涉场可化为

$$\tilde{U}_I(u,v) = A\mathrm{e}^{\mathrm{i}k\frac{\rho^2}{2z}}\frac{\mathrm{e}^{\mathrm{i}k(OS_oO')}}{z}\left[1+\frac{1}{2}\cos(2\pi f'u)\right] = C\mathrm{e}^{\mathrm{i}k\frac{\rho^2}{2z}}\tilde{U}_o(x,y)$$

$$C = \frac{A\mathrm{e}^{\mathrm{i}k(OS_oO')}}{z}, \quad f' = f_0/M, \quad (x,y) = (u/M,v/M) \tag{4.17}$$

将式(4.17)与物平面的波函数(4.16)进行比较，物平面的频率比像平面的空间频率大了 M 倍，波前的空间分布除了公共的相位因子外，是几何相似的，强度分布也是几何上完全相似的。由于任何形式物的波函数 $\tilde{U}_o$ 数学上总可以展开为余弦函数的叠加，每一个余弦分量都满足式(4.17)，则它们的和同样满足式(4.17)。故对任一物波函数 $\tilde{U}_o$，相干成像条件下，其像的波函数满足

$$\tilde{U}_I(u,v) = C\mathrm{e}^{\mathrm{i}k\frac{\rho^2}{2z}}\tilde{U}_o(x,y), \quad f' = f_0/M, \quad (x,y) = (u/M,v/M) \tag{4.18}$$

　　阿贝成像原理把几何成像过程分为两步，第一步是在相干光照射下，在焦平面产生衍射斑，衍射斑实际上是物面波函数的空间频谱，对频谱加以处理，将会使得第二步成像发生改变，从而实现光学信息处理。

　　阿贝成像模拟结果如下。

　　阿贝成像过程通过图 4.8(a)Seelight 计算模型(4B1_1)进行数值仿真，模型中平行光入射光束调制器，产生六边形物，如图 4.8(b)所示，成像过程通过三个真空传输模块和理想透镜模块实现，将计算模型中的第二个真空传输模块的传输距离设计为从透镜到后焦平面

长度，第三个真空传输模块的传输距离与第二个真空传输模块传输距离相加正好为像距，在像的位置获得六边形物，如图 4.8(c) 所示。通过光衍射传输模拟显示了阿贝成像过程。

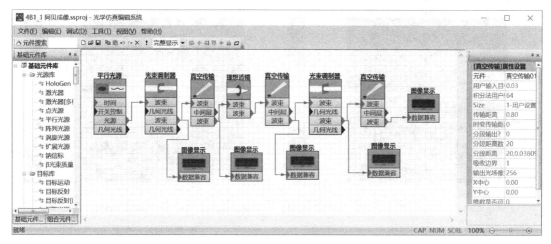

(a) 相干成像 Seelight 计算模型

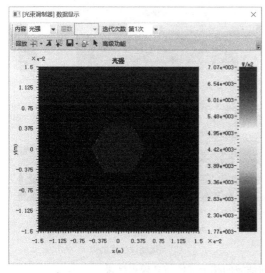

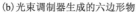

(b) 光束调制器生成的六边形物

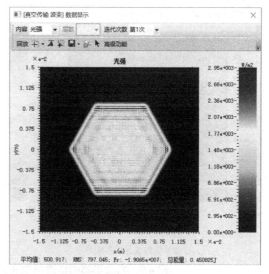

(c) 相干成像模拟获得六边形物

图 4.8　六边形物的相干成像仿真模型和仿真结果

　　为了充分体现阿贝成像过程的物理意义，在计算模型中的第二个真空传输模块处放置可以起到光阑作用的光束调制器，通过低通滤波和高通滤波，可以展示阿贝成像的分频与相干叠加的成像过程，其计算仿真模型与图 4.8(a) 显示的仿真模块相同，只是在图中第二个光束调制器进行滤波调制。图 4.9(a) 显示了在将第二个光束调制器调制为低通滤波时，在焦平面上的空间频谱分布（即将高阶衍射光斑滤除）。图 4.9(b) 为在低通滤波条件下，六边形物成的像，图中显示为没有细节的平行光束。调制第二个光束调制器进行，进行高通滤波，滤除低频成分，如图 4.9(c) 所示；高通滤波后的像如图 4.9(d) 所示，高通滤波后的像主要体现物的轮廓。

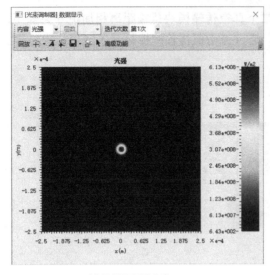

(a) 调制器低通滤波

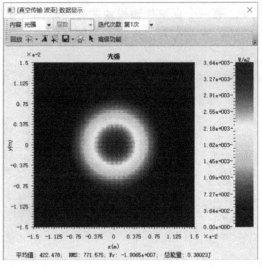

(b) 低通滤波后的像

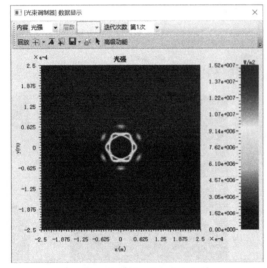

(c) 滤除低频成分后高频分布

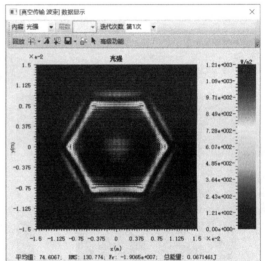

(d) 高通滤波生成的像

图 4.9　六边形物的低通滤波和高通滤波的相干成像仿真模拟结果

4.2.2　阿贝-波特实验与空间滤波

　　阿贝-波特实验对相干成像的傅里叶分析基本原理,以及相干成像的机制提供了最直接的证明。为了清晰了解阿贝-波特实验的滤波过程,以一张简单周期细丝网格构成的物体为例进行讨论。设平行光垂直照射该网格,如图 4.10 所示,在透镜后焦平面呈现出网格的傅里叶频谱,各傅里叶频谱作为点源,产生次级波在像平面相干叠加,形成网格的像。若用某种屏(如光圈、狭缝或光阑等)放置在焦平面上,就直接改变了像的频谱,从而实现对物的成像进行改变。

　　阿贝-波特实验的滤波过程模拟结果如下。

　　阿贝-波特滤波模拟计算模块(4B2_1)如图 4.11(a)所示,该模块包含三部分:第一部分是生成竖直条形物(图 4.11(b))和一个环形物(图 4.11(d)),图 4.11(c)和图 4.11(e)是与竖直条形物和环形物对应的空间频谱分布,通过合束器模块将这两个物合成新的物

（图4.11（f））；第二部分是阿贝成像过程衍射模拟，与阿贝成像模块 4B1_1 相同；第三部分是滤波模块，通过在透镜后焦平面上的光束调制器模块实现。当滤波为全通时，实现物的成像（图 4.11（g））。通过光束调制器模块改变透光口径，即只让中心附件的频谱通过，这时将竖直条形物的大部分频谱以及环形物的高频成分滤除（图 4.11（h）），成像为环形像（图 4.11（i）），环形像表现为环形物的高频成分缺失。当选择条形线物的频谱通过，主要滤除了环形物的频率成分，竖直条形物的低频成分也被滤除（图 4.11（j）），成的像为条形线，即竖直条形物的像（图 4.11（k））。当滤除低频成分（图 4.11（l）），成像由条形物与环形物轮廓组成，成像如图 4.11（m）所示。

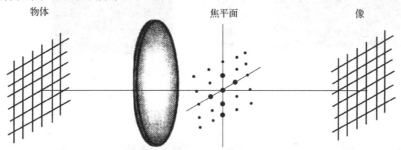

图 4.10　网格物体在焦平面的频谱与像平面网格的成像

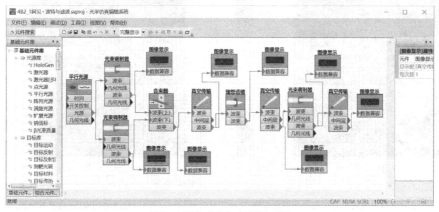

(a) 阿贝-波特成像与滤波模拟模块

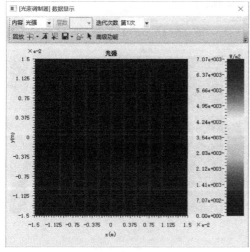

(b) 竖直条形物

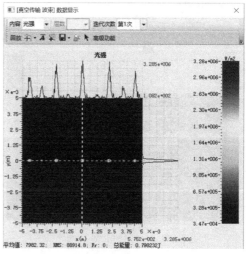

(c) 与竖直条形物对应的频谱图

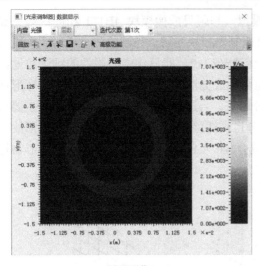

(d)环形物

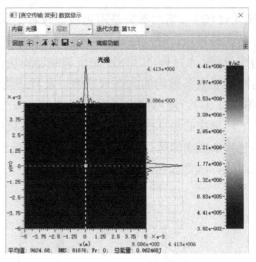

(e)与环形物对应的频谱

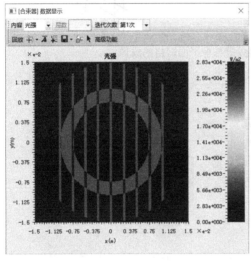

(f)通过合束器生成的条形线与环形组合成物

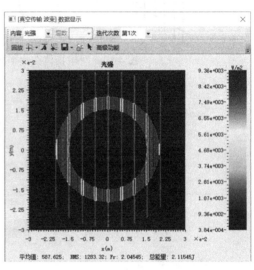

(g)合成物的成像(滤波为全通)

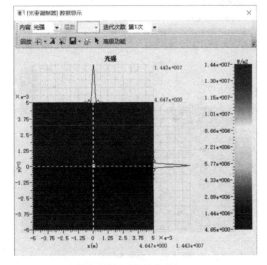

(h)低通滤波后的频谱分布

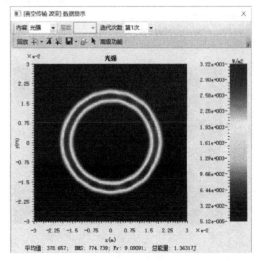

(i)成像为环形物的像

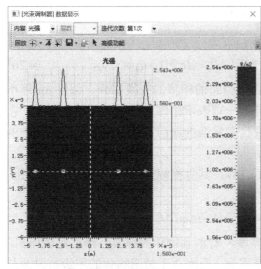

(j) 条形线物的频谱通过的频谱

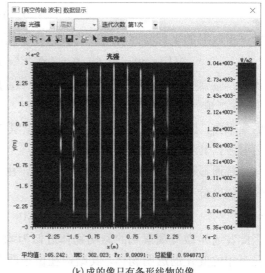

(k) 成的像只有条形线物的像

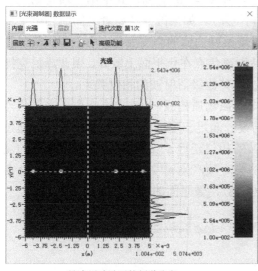

(l) 高通滤波后的频谱分布

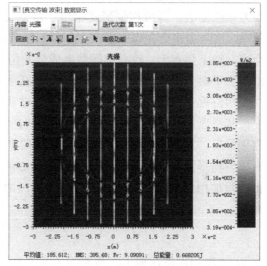

(m) 成像由条形物与环形物的轮廓组成

图 4.11　阿贝-波特成像与滤波模拟模块和仿真结果

4.2.3　泽尼克相衬显微成像

在显微镜要观察的许多物体中，其中不少是透明度很高的物体(如生物切片、晶体切片等)。这样的物体对光的作用主要体现在其内部的折射率不均匀或几何厚度不均匀，而对光的吸收很小且近似均匀，因而当光通过这样的物体时，出射光波主要发生相位变化，即等效一个相位屏，最主要的效应是产生一个空间相移变换。物体的这一效应，使得用普通的显微镜观察时，其衬比度非常小，无法直接观察。

1935 年，泽尼克发明的相衬法和相衬显微镜是将光学空间滤波应用于实际光学仪器的首创性工作。泽尼克根据空间滤波原理提出的相衬法，最重要的特点是使观察到的像的强度与物体引起的相移呈线性关系。

设透明物体的透过率函数为

$$\tilde{t}_o(x,y) = \mathrm{e}^{\mathrm{i}\varphi(x,y)} \tag{4.19}$$

以一正入射的平行波照射透明物体，物平面的复振幅为

$$\tilde{U}_o(x,y) = A\tilde{t}_o(x,y) = A\mathrm{e}^{\mathrm{i}\varphi(x,y)} = A\mathrm{e}^{\mathrm{i}\varphi_0}\mathrm{e}^{\mathrm{i}\Delta\varphi(x,y)} \approx A\mathrm{e}^{\mathrm{i}\varphi_0}[1+\mathrm{i}\Delta\varphi(x,y)] \tag{4.20}$$

式中，φ_0 表示由物体产生的平均相移；$\Delta\varphi$ 是物体引起的相移的变换部分，假设 $\Delta\varphi$ 远小于 2π 弧度，因此略去 $(\Delta\varphi)^2$ 及高阶项。式 (4.20) 第一项表示沿轴向传播的平面衍射波，在后焦平面，即傅里叶面上是零级衍射斑。其他项代表复杂的波前，产生较弱的偏离光轴的衍射波，其频谱弥散在傅里叶面上。

普通显微镜对透明物体的相干成像，由式 (4.18)，其复振幅 $\tilde{U}_I$ 与物的复振幅成正比，像的强度分布为

$$I = |\tilde{U}_I(u,v)|^2 \propto |\tilde{U}_o(u,v)|^2 = |A\mathrm{e}^{\mathrm{i}\varphi_0}(1+\mathrm{i}\Delta\varphi)|^2 \approx A^2$$

因此普通显微镜观察到的透明物体近似为均匀亮度，看不到物体的细节。泽尼克认识到，只有相位变化的透明物体，其结构在像平面观察不到，原因在于透明物体的零级衍射波与其他级的衍射波之间的存在 $\pi/2$ 的相位差（这可以从式 (4.20) 看到，式中第一项与第二项相差单位复数，写成相位形式相当于差 $\pi/2$ 的相位差）。如果改变这两者之间的相位正交关系，这两项将会在像平面产生干涉，形成可以观察到的像的强度变化。由于零级衍射波会聚在轴上焦点上，较高空间频率成分的衍射波则离焦点在焦平面上散开，因此泽尼克提出在焦平面上放置一块相位板来改变零级衍射波和其他级衍射波的相位关系。

相位板一般由一块玻璃上涂一小滴透明的电介质物质构成，小滴电介质位于光轴焦点上，其原理如图 4.12 所示，其厚度及折射率的设计满足一定的条件，即使得衍射光通过焦平面后，零级衍射波相位相对其他高阶衍射波的相位延迟 $\pi/2$ 或 $3\pi/2$。故像平面的复振幅与物平面复振幅的差别在于，式 (4.20) 中的第一项产生 $\pi/2$ 或 $3\pi/2$ 的附加相位。在 $\pi/2$ 附加相位情形下，相干成像条件下，由式 (4.18)，像平面的强度分布为

$$I = \left|\tilde{U}_I(u,v)\right|^2 \propto \left|\tilde{U}_o(x,y)\right|^2 \propto \left|A\mathrm{e}^{\mathrm{i}\varphi_0}\left(\mathrm{e}^{\mathrm{i}\frac{\pi}{2}}+\mathrm{i}\Delta\varphi\right)\right|^2 \approx A^2(1+2\Delta\varphi)$$

在 $3\pi/2$ 附加相位情形下，像平面的强度分布为

$$I = \left|\tilde{U}_I(u,v)\right|^2 \propto \left|\tilde{U}_o(x,y)\right|^2 \propto \left|A\mathrm{e}^{\mathrm{i}\varphi_0}\left(\mathrm{e}^{\mathrm{i}\frac{3\pi}{2}}+\mathrm{i}\Delta\varphi\right)\right|^2 \approx A^2(1\pm2\Delta\varphi)$$

由以上两式，在对零级衍射波附加一定的相移后，像的强度分布与物体相位的变化 $\Delta\varphi$ 呈线性关系。在零级衍射波上附加 $\pi/2$ 相移情形，称为正相衬，附加 $3\pi/2$ 情形称为负相衬。如果同时使小滴电介质物质具有部分透光，透光系数为 a，则可以改善像的强度变化的衬比度，即以上两式可表示为 $I \propto A^2(a-2\Delta\varphi)$。若小滴电介质物质对光全部吸收，透光系数 $a=0$，这时像的强度变化满足

$$I \propto 2A^2\Delta\varphi$$

相位的变化全部表现为强度变化，这就是相衬的暗场法。

泽尼克相衬法通过改变频谱面上相位分布，巧妙地实现强度的相位调制，即相衬法是一种将空间相位调制转换成空间强度分布的方法。该方法是实际应用光学信息处理的先声，从而泽尼克获得 1953 年诺贝尔物理学奖。

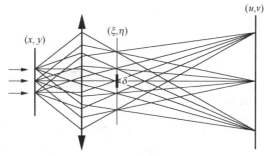

图 4.12　相衬显微镜原理图

泽尼克相衬滤波模拟结果如下。

均匀强度分布的物体,具有非均匀相位分布,如图 4.13 (a) 和图 4.13 (b) 所示。图 4.13 (a) 和图 4.13 (b) 分别为物的强度和相位分布。通过物在透镜后焦平面中心频谱的改变,获得物的像如图 4.13 (c) 所示。图 4.13 (c) 的强度分布与物的相位成正比,计算模块(4B3_1)如图 4.13 (d) 所示。

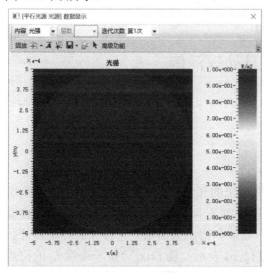

(a)物为强度均匀分布的圆体

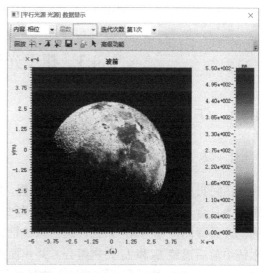

(b)物具有非均匀相位分布

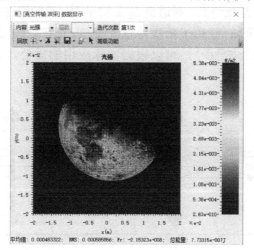

(c)焦平面中心附加相位其像的强度分布与物的相位分布成正比

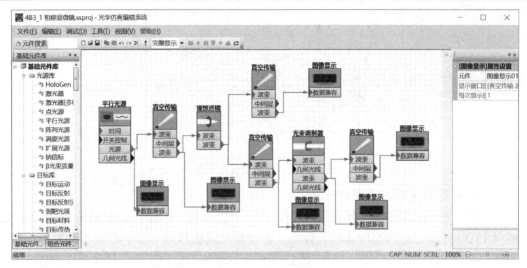

(d)泽尼克相衬显微计算模块

图 4.13　泽尼克相衬显微成像模拟程序与仿真结果

4.3　相干光信息处理简例

4.3.1　4F 图像处理系统

1. 4F 系统及波前变换

由阿贝成像原理结合傅里叶变换思想，发展起来的光学信息处理技术，由单透镜系统发展为复合透镜系统，使得光学信息处理变得便捷而又丰富多彩。图 4.14 给出一种典型的滤波原理图，称为 4F 系统，这一系统把输入物面和输出像面由 4 个分立的焦距隔开。系统中前后透镜 L_2 和 L_1 共焦组合，共焦面用 $T(\xi,\eta)$ 表示；物 $O(x,y)$ 位于透镜 L_1 的前焦平面上，透镜 L_2 的后焦平面为输入物的成像平面输出平面，用 $I(u,v)$ 表示。

共焦面 T 对透镜 L_1 是频谱面，对透镜 L_2 是物半面，其频谱在系统的像半面上。因此，在 4F 系统中从物场到像场，经历了两次傅里叶变换。若在共焦面 T 处插入空间滤波器，共焦面为变换平面（即滤波平面），可以根据实际应用的需要，实现对物的空间频率的改变。

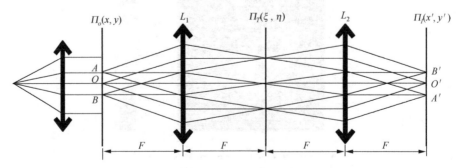

图 4.14　4F 系统原理图

点光源通过透镜产生一平行相干光照射物平面上。设光通过物面后的复振幅为$\tilde{U}_o(x,y)$，由于物位于透镜L_1的焦平面上，物场$\tilde{U}_o$经过L_1后，实现了第一次傅里叶变换，其频谱为

$$\tilde{U}_1(\xi,\eta) = \mathbb{F}\{\tilde{U}_o(x,y)\} \tag{4.21}$$

变换平面上的坐标(ξ,η)与物平面的空间频率(f_x,f_y)的关系为

$$(\xi,\eta) = (F\lambda f_x, F\lambda f_y)$$

若在变换平面T上放置一透过率函数为$H(\xi,\eta)$滤波器，出射变换平面的波函数$\tilde{U}_2(\xi,\eta)$为

$$\tilde{U}_2(\xi,\eta) = H(\xi,\eta)\tilde{U}_1(\xi,\eta) \tag{4.22}$$

式(4.22)可理解为，滤波函数$H(\xi,\eta)$改变了物的频谱，产生了一个新的频谱。$\tilde{U}_2(\xi,\eta)$相对于L_2，它是一个新的物波，经过L_2后，再一次进行了傅里叶变换，得到频谱分布为

$$\tilde{U}_I(u,v) = \mathbb{F}\{\tilde{U}_2(\xi,\eta)\} \tag{4.23}$$

像平面上的坐标(u,v)与变换平面的空间频率(f_ξ,f_η)的关系为

$$(u,v) = (F\lambda f_\xi, F\lambda f_\eta)$$

将式(4.21)和式(4.22)代入式(4.23)，输出像场为

$$\tilde{U}_I(u,v) = \mathbb{F}\{H(\xi,\eta)\tilde{U}_1(\xi,\eta)\} = \mathbb{F}\{H(\xi,\eta)\mathbb{F}\{\tilde{U}_o(x,y)\}\} \tag{4.24}$$

当变换平面不放置滤波器，即$H(\xi,\eta)=1$时，输出场为

$$\tilde{U}_I(u,v) = \mathbb{F}\{\mathbb{F}\{\tilde{U}_o(x,y)\}\} = \tilde{U}_o(-x,-y)$$

上式第二个等式是根据傅里叶变换性质，函数进行两次傅里叶变换，其结果仍为原函数，只是坐标取反号。上式表明$4F$系统是一个其像重现物且倒置的系统，即$4F$系统是一个连续进行两次傅里叶变换的光学模拟系统。

$4F$系统相干成像模拟结果如下。

图4.15(a)给出了$4F$系统相干成像仿真模块(4C1_1)，模块中两个透镜的共焦面通过两个与透镜焦距相等的真空传输模块实现。"山"字形物(图4.15(b))，放置在第一个透镜前方焦距上，在第二个透镜的后焦平面上产生倒立的"山"字形像，如图 4.15(c)所示；在第一个透镜的后焦平面上是物的频谱分布，如图4.15(d)所示。

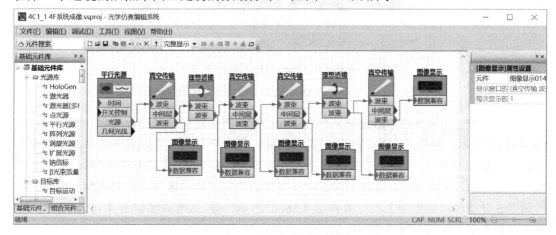

(a)$4F$系统相干成像仿真模块

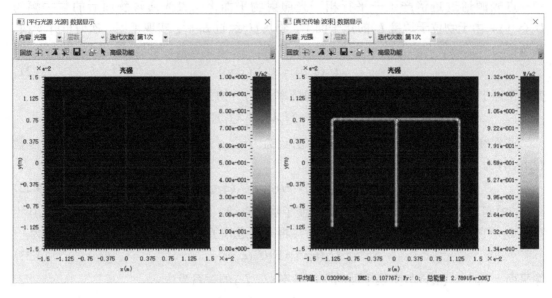

(b) "山"字形物　　　　　　　　　　(c) 成倒立的 "山"字形像

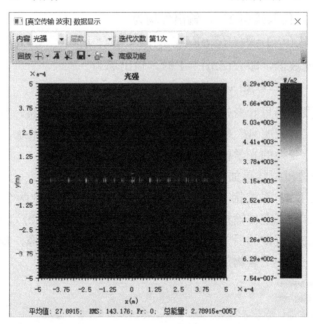

(d) "山"字形物在第一个透镜的焦平面上是物的频谱分布

图 4.15　"山"字形物的 4F 系统相干成像仿真模块与计算结果

　　在上例中，如果在两个透镜的共焦面上，进行滤波可以对图像进行处理，模拟模块如图 4.16(a) 所示。例如，在共焦面放置纵向狭缝，将水平方向的频谱成分滤除，共焦面上的频谱如图 4.16(b) 所示，竖线物的频率成分被滤除，4F 系统成像如图 4.16(c) 所示，成像中只有 "山"字的横线，竖线物被滤除；两个透镜的共焦面放置水平的狭缝，将纵向物的频谱成分滤除，共焦面上的频谱如图 4.16(d) 所示，4F 系统成像如图 4.16(e) 所示，成像中只有 "山"字的竖线，横线被滤除。

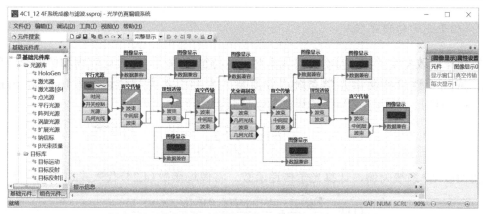

(a)在两个透镜的共焦面上增加滤波，对图像进行处理模拟模块

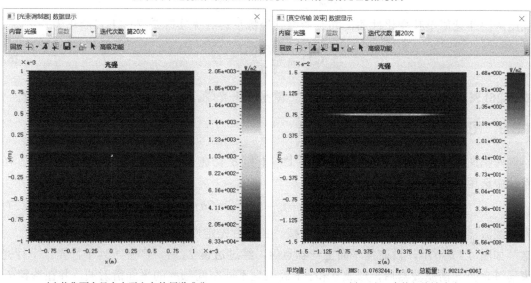

(b)共焦面上只有水平方向的频谱成分

(c)"山"字的竖线被滤除

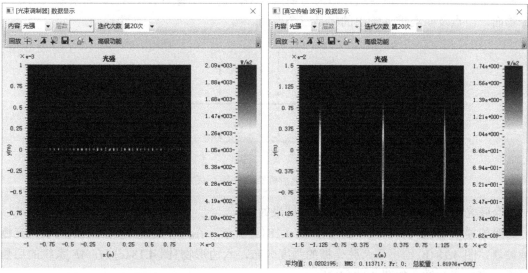

(d)水平方向的频谱成分被滤除

(e)"山"字的竖线横线被滤除

图 4.16　4F 系统相干成像与滤波仿真模块和计算结果

2. 相干光学传递函数

空间滤波改变物的频谱成分，实现其对应像特征的改变。通过比较物和像的空间频率变化，应用于评价和衡量光学系统成像质量。人们引入光学传递函数（optical transfer function，OTF），它被定义为像场频谱与物场频谱之比：

$$\text{OTF} = \frac{\mathbb{F}\{\tilde{U}_I\}}{\mathbb{F}\{\tilde{U}_o\}} \tag{4.25}$$

我们以 4F 系统为例，计算光学传递函数。将像场函数(4.24)代入式(4.25)，有

$$\text{OTF} = \frac{\mathbb{F}\{\tilde{U}_I\}}{\mathbb{F}\{\tilde{U}_o\}} = \frac{\mathbb{F}\{\mathbb{F}\{H(\xi,\eta)\mathbb{F}\{\tilde{U}_o(x,y)\}\}\}}{\mathbb{F}\{\tilde{U}_o\}}$$

利用两次连续傅里叶变化性质，并且考虑到坐标反转并无实际意义，上式简化为

$$\text{OTF} = \frac{H\mathbb{F}\{\tilde{U}_o\}}{\mathbb{F}\{\tilde{U}_o\}} = H \tag{4.26}$$

式(4.26)表明，4F 系统中的滤波函数 H，就是相干光学信息处理系统的光学传递函数。

4.3.2　图像的相加和相减处理方法

两幅图像 A 和 B 位于 4F 系统物面上，A 和 B 物在 x 轴方向上中心相距为 a，在 4F 系统中选用余弦光栅：

$$H(u,v) = t_0 + t_1 \cos(2\pi f_0 u) \tag{4.27}$$

作为滤波器，可以实现图像的相加或相减。我们首先定性分析图像的加减工作原理。

如图 4.17 所示，设前焦平面上一物点 A，经过透镜 L_1 后，产生一列平行光。平行光束通过余弦光栅滤波器后，形成 0 和 ±1 级三列不同空间频率的平面衍射波，并在透镜 L_2 的后焦平面上出现三个衍射斑，即为与物点 A 对应的三个像点 A_0、$A_\pm$。如果输入的是一个物面，由点及面类推，输出的将是三个像面。

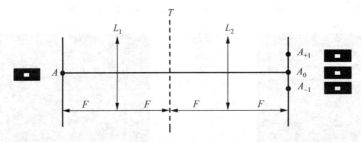

图 4.17　透镜共焦面上放置余弦光栅，成三个相同的像

余弦光栅滤波器三个像的实现模拟结果如下。

模拟模型(4C1_2)为 4F 系统，如图 4.18(a)所示，在两个透镜共焦面上加入余弦光栅滤波器，图 4.18(b)给出了余弦光栅的强度分布，六边形物(图 4.18(c))在 4F 系统的后焦平面上产生三个像，如图 4.18(d)所示。

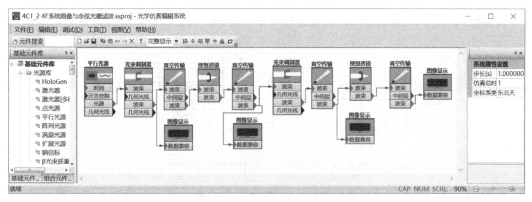

(a) 4F 系统的余弦光栅滤波相干成像模拟模块

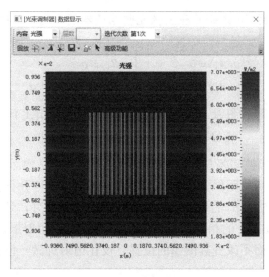

(b) 余弦光栅强度分布

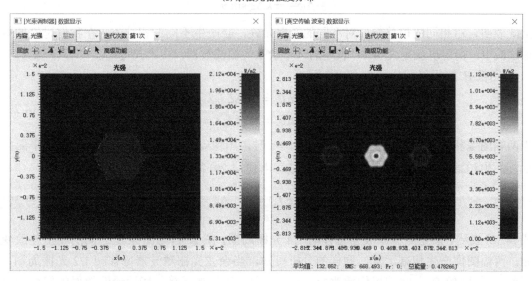

(c) 六边形物　　　　　　　　　　　　　(d) 4F 系统生成的三个像

图 4.18　4F 系统的余弦光栅滤波相干成像模拟模型与计算结果

如果输入的是两个物 A 和 B，则输出对应 6 个像（A_0、$A\pm$ 和 B_0、$B\pm$），如图 4.19 所示。

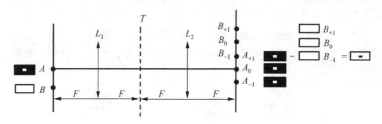

图 4.19　图像加减工作原理的定性分析

假设物 A 的中心位于 $4F$ 系统光轴上，物 B 的中心在 x 负方向离轴 a 的位置，即

$$x(A)=0, \quad x(B)=-a$$

由余弦光栅衍射特征，经 $4F$ 系统并在余弦光栅滤波器的作用下，物 A 和 B 的形成的两组图像的中心位置为

$$\begin{cases} u(A_0)=0 \\ u(A_\pm)=\pm f_0\lambda F' \end{cases} \quad \begin{cases} u(B_0)=a \\ u(B_\pm)=\pm f_0\lambda F+a \end{cases}$$

为了实现图像的加减，假设图像 A_+ 与图像 B_- 重合，即应使 $u(A_+)=u(B_-)$，利用上式，有

$$f_0\lambda F=-f_0\lambda F+a \quad 或 \quad a=2f_0\lambda F \tag{4.28}$$

式 (4.28) 为两幅输入图像的间隔与滤波器频率的关系。这也是物面上两幅图像允许的最大尺寸，因为当物面上的两幅图像大于 a 时，它们在物面上有部分重叠。

要实现图像 A_+ 与图像 B_- 的加或减，除了实现它们重叠外，还必须满足图像 A_+ 与图像 B_- 的波函数相差 2π 或 π 的相位差。由位移-相移定理，衍射屏发生一位移，将产生夫琅禾费衍射场的相位，而不改变其图像的位置。设让衍射屏做一位移 $\Delta\xi$，衍射场产生一相移 $\Delta\varphi$：

$$\Delta\varphi=-k\Delta\xi\sin\theta$$

上式表明，对相同的位移量，对不同的衍射角 θ，会产生不同的相移值。在我们讨论的图像加减中，衍射屏就是式 (4.27) 表述的一个余弦光栅滤波器。由上式可知，+1 级图像 A_+ 与 −1 级图像 B_- 的相移量分别为

$$\Delta\varphi(A_+)=-k\Delta\xi\sin\theta_+=-k\Delta\xi f_0\lambda=-2\pi\Delta\xi f_0$$
$$\Delta\varphi(B_-)=-k\Delta\xi\sin\theta_-=k\Delta\xi f_0\lambda=2\pi\Delta\xi f_0 \tag{4.29}$$

当两幅图像相位差为 $\delta=\Delta\varphi(B_-)-\Delta\varphi(A_+)=\pi$ 时，图像 A_+ 与图像 B_- 的波函数在像平面叠加，产生相减运算，即实现了图像的相减。由式 (4.29) 得到图像实现相减的条件为

$$2\pi\Delta\xi f_0-(-2\pi\Delta\xi f_0)=\pi, \quad \Delta\xi=\frac{1}{4f_0}=\frac{d}{4} \tag{4.30}$$

式 (4.30) 表明，余弦光栅滤波器每移动 1/4 光栅周期，图像 A_+ 与图像 B_- 之间的相位差改变 π，两幅图像产生相减运算。同样的分析可知，当余弦光栅滤波器每移动 1/2 光栅周期，图像 A_+ 与图像 B_- 之间的相位差改变 2π，它们产生相加运算。应用透镜衍射的傅里叶变换公式，可以对以上分析进行严格的数学计算。

第5章　双折射晶体与器件

晶体光学是波导光学、半导体光学、非线性光学等前沿光学的基础。光学各向异性晶体的标志性特性，是对光产生双折射和偏振效应。在激光和光电子技术中，晶体已经被广泛应用于制作光学器件。本章主要讨论单轴晶体的光学性质、晶体元器件，以及偏振光的产生和检验、偏振光的干涉及旋光、电光效应和典型的现代光子器件，通过 Seelight 软件进行物理过程的仿真模拟。

5.1　双折射晶体

5.1.1　双折射现象

当光入射到各向异性介质(如方解石)中时，折射光将分开成两束，各自沿着不同的方向传播，它们的折射程度不同，产生双折射(birefringence)现象，如图 5.1 所示。光在双折射晶体中传播时通过如下 6 个基本概念进行描述。

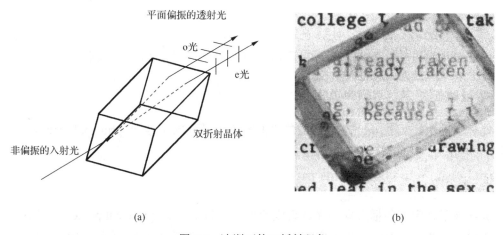

(a)　　　　　　　　　　　　　(b)

图 5.1　冰洲石的双折射现象

1. 寻常光线和非常光线

光入射到双折射晶体中，通过折射分成两束，其中一束满足向同性介质中折射定律的光称为寻常光线(ordinary light)，简称为 o 光；另一束不服从通常的折射定律，称为非常光线(extro-ordinary light)，简称为 e 光。晶体中 o 光折射率为常量，e 光的折射率随入射方向变化而改变。

2. 光轴

在晶体中存在的一个特殊路径，光沿这个路径传播时 o 光和 e 光的传播方向和速度相同，不发生双折射，该路径为晶体的光轴(optical axis of crystal)，是晶体中的一个特定方向，如图 5.2(a)中虚线所示。

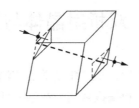

(a) 冰洲石的光轴

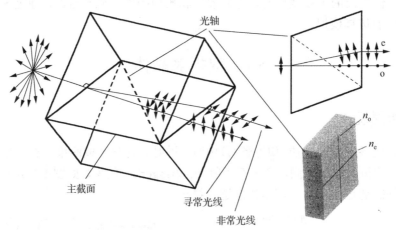

(b) 主截面主平面与o光和e光的几何关系

图 5.2　冰洲石的光轴以及主截面主平面与 o 光和 e 光的几何关系

3. 主截面

晶体表面的法线 N_s 与光轴 z 组成的平面被称为晶体的主截面(principal section)。入射光线 r_1 与光轴 z 构成的平面为入射面。

4. 主平面

光线在晶体中的传播方向与光轴组成的平面称为主平面(principal plane)。当光在主截面内入射时，此时入射面与主截面重合，o 光、e 光都在该平面内，该平面也就是 o 光、e 光的共同主平面。一般情况下 o 光、e 光的两主平面并不重合，为分析问题的简单，常常有意选取入射面与主截面重合的情况。

5. o 光和 e 光的偏振方向

入射光通过双折射晶体中透射出来的 o 光和 e 光是偏振方向不相同的线偏振光，o 光电矢量的振动方向与主平面垂直，e 光电矢量的振动方向在主平面内。

6. o 光和 e 光的相对光强

自然光入射双折射晶体的情况下，o 光和 e 光的偏振方向不同，但振幅是相同的；当偏振光入射时，o 光和 e 光的振幅不一定相同，随着晶体方向的改变，它们的振幅也发生相应变化。

图 5.3 中的 AA' 表示垂直入射的偏振光的振动面与纸面的交线，OO' 表示晶体的主平面与纸面的交线，θ 即为振动面与主平面的夹角，由于 o 光的振动面垂直于主平面，e 光的振动面平行于主平面，则 o 光和 e 光的振幅分别为

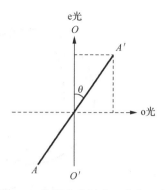

图 5.3　偏振光分解为 o 光和 e 光

$$A_{\mathrm{o}} = A\sin\theta$$
$$A_{\mathrm{e}} = A\cos\theta \tag{5.1}$$

式中，A 是入射平面偏振光的振幅。设晶体中 o 光的折射率为 n_{o}，e 光折射率为 n_{e}，晶体中 o 光和 e 光的强度应分别为

$$I_{\mathrm{o}} = n_{\mathrm{o}}A_{\mathrm{o}}^2 = n_{\mathrm{o}}A^2\sin^2\theta$$
$$I_{\mathrm{e}} = n_{\mathrm{e}}(\varepsilon)A_{\mathrm{e}}^2 = n_{\mathrm{e}}(\varepsilon)A^2\cos\theta \tag{5.2}$$

相对光强为

$$I_{\mathrm{o}}/I_{\mathrm{e}} = \frac{n_{\mathrm{o}}}{n_{\mathrm{e}}(\varepsilon)}\tan^2\theta \tag{5.3}$$

式中，ε 为 e 光传播方向和光轴的夹角。如果 o 光和 e 光射出晶体后，这两束光都在空气中传播，这时就没有 o 光和 e 光之分，它们的相对光强应为

$$I_{\mathrm{o}}/I_{\mathrm{e}} = \tan^2\theta \tag{5.4}$$

5.1.2　单轴晶体中的波面

晶体按光学性质分类，被分为 3 类：①单轴晶体，只有一个光轴方向；②双轴晶体，有两个光轴方向；③立方晶体，各向同性晶体，不是双折射晶体。

双折射晶体包括单轴晶体和双轴晶体。双轴晶体内光的传播规律较为复杂，这里以单轴晶体为例，讨论光在双折射晶体中的传输特点。如图 5.4(a) 和 (b) 所示，假设晶体内有一个子波源，在单轴晶体中 o 光传播规律与普通各向同性介质中相同，沿各个方向的传播速度都相同为 v_{o}，其波面也是球面；但 e 光沿各个方向的传播速度都不同，沿光轴方向的传播速度与 o 光一样为 v_{o}，垂直光轴的方向的传播速度是 v_{e}，对于其他传播方向，e 光速度介于 v_{o} 和 v_{e} 之间，其波面是围绕光轴方向的回转椭球面。如果把两波面画在一起，它们在光轴的方向上相切。

对于 o 光，沿各个方向的传播速度都相同。e 光的折射率定义为真空中光速 c 与 e 光沿垂直光轴的方向的传播速度 v_{e} 的比值 n_{e}。光速 v_{o} 和 v_{e} 对应的折射率称为单轴晶体的两个主折射率，即

$$n_{\mathrm{o}} = \frac{c}{v_{\mathrm{o}}}, \quad n_{\mathrm{e}} = \frac{c}{v_{\mathrm{e}}} \tag{5.5}$$

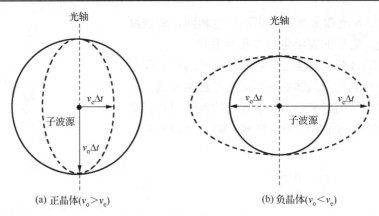

(a) 正晶体($v_o > v_e$) 　　　　　　　　　　 (b) 负晶体($v_o < v_e$)

图 5.4　单轴晶体中的波面

单轴晶体可以划分为两类。

(1)正晶体，o 光为快光，e 光为慢光，有

$$v_e \leq v_e(\xi) \leq v_o \ \text{即} \ n_e \geq n_e(\xi) \geq n_o$$

式中，ξ 为 e 光的传播方向与光轴的夹角。正晶体中的 o 光和 e 光的波面如图 5.4(a)所示，典型的材料为石英。

(2)负晶体，e 光为快光，o 光为慢光，有

$$v_e \geq v_e(\xi) \geq v_o \ \text{即} \ n_e \leq n_e(\xi) \leq n_o$$

负晶体中的 o 光和 e 光的波面如图 5.4(b)所示，典型的材料为冰洲石。

5.1.3　光的晶体双折射传输简单情形

1. 光束正入射，光轴与晶体表面垂直

这是沿着光轴方向入射的特殊情形，如图 5.5 所示。o 光、e 光方向相同，速度也是相同的，这时并没有发生双折射。

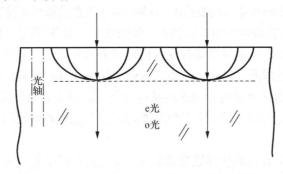

图 5.5　光束正入射，光轴与晶体表面垂直的情况

2. 光束正入射，光轴平行表面

如图 5.6 所示，晶体光轴平行表面，光束正入射晶体表面，此时 o 光波面和 e 光波面均平行于晶体表面，且光射线方向均与波面正交，在空间方向两者一致，表观上看并无双

折射，但两者在晶体内的传播速度不同，在经历晶片厚度 d 以后，o 光和 e 光两者光程不同，从而使出射的两个偏振正交光之间添加了一相位差：

$$\delta_{oe}=\frac{2\pi}{\lambda}(n_e-n_o)d \tag{5.6}$$

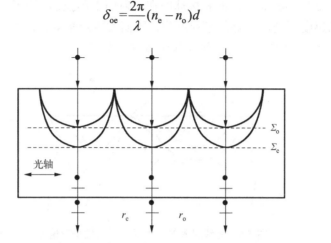

图 5.6　晶片厚度均匀、光轴平行表面且光束正入射的情况

3. 光束正入射，光轴任意取向

由惠更斯作图法分析，光束正入射，光轴任意取向时，e 光波面平行于晶体表面，光轴 z 取向是任意的，如图 5.7(a) 所示。但此时体内 e 光传播方向却是倾斜的，与波面法线方向并不一致，两者之分离角为

$$\alpha=\xi-\theta \tag{5.7}$$

式中，ξ 为 e 光的传播方向与光轴 z 的夹角；θ 为波面法线方向与光轴 z 的夹角，如图 5.7(b) 和 (c) 所示。

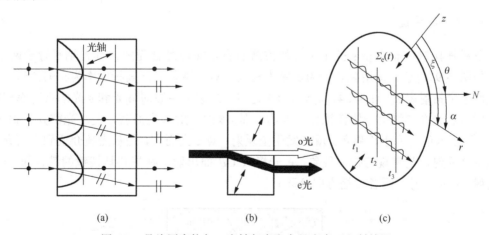

图 5.7　晶片厚度均匀、光轴任意取向且光束正入射情况

e 光的传播方向代表了 e 光相位的传播方向，也代表了 e 光能流方向，这里 e 光的传播方向与波面法线方向的分离事实说明，在晶体内部波面法线方向并无直接的物理意义，但有鲜明的几何意义。

4. 光线斜入射，入射面与光轴垂直

此时 o 光、e 光的波面，球面和椭球面在入射面上的投影都是圆，如图 5.8 所示。由于 o 光、e 光的速度不同，两圆的半径不同，因而发生双折射，o 光、e 光不仅方向不同，速度也不同。但是，这时 e 光的波面与其传播方向垂直。

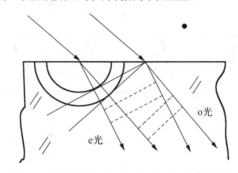

图 5.8　光线斜入射，入射面与光轴垂直情况

5.2　晶体光学器件

5.2.1　晶体偏振器

晶体双折射产生的 o 光和 e 光是 100%的线偏振光，利用双折射晶体制作的偏振器件广泛应用于起偏或检偏中。由两块按一定方式切割下来的晶体三棱镜组合而成晶体棱镜是一种典型的偏振器。通过晶体棱镜，入射的自然光被分解为两束线偏振光，从空间不同方向射出。

1. 尼科耳棱镜

尼科耳棱镜(Nicol prism)中由两块方解石直角棱镜黏合而成，其光轴平行于两个端面，如图 5.9 所示。常用黏合剂为加拿大树胶，对于钠黄光，其折射率为 $n \approx 1.55$，介了棱镜两个主折射率 $n_e \approx 1.4864$，$n_o \approx 1.6584$ 之间。加拿大树胶对 o 光和 e 光的折射率相同。正入射自然光在左侧第一块棱镜传播到达界面 AB 时，对 o 光而言，是从光密介质到光疏介质，只要入射角大于临界角，就将发生全反射；对 e 光而言，是从光疏介质到光密介质，不发生全反射，是常规的折射现象，e 光将从 CB 面出射。在尼科耳棱镜的黏合面，o 光全反射，e 光透射，两者传播方向分离。

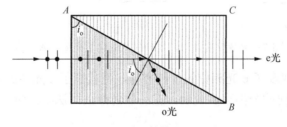

图 5.9　尼科耳棱镜($n_o > n_e$)

2. 罗雄棱镜

罗雄棱镜(Rochon prism)由两块冰洲石直角三棱镜黏合而成,如图 5.10 所示,第一块棱镜光轴垂直棱镜入射表面,第二块棱镜光轴平行表面,当自然光正入射于第一块棱镜时不发生双折射,光束各方向的振动均以相同速度传播,到达界面进入第二块棱镜便出现双折射。罗雄棱镜第一块棱镜中无双折射,第二块棱镜中有双折射:

$$\begin{cases} n_o \sin i_1 = n_o \sin i_{2o} \\ n_o \sin i_1 = n_e \sin i_{2e} \end{cases} \Rightarrow \begin{cases} i_{2o} = i_1 \\ \sin i_{2e} = \dfrac{n_o}{n_e} \sin i_1 > \sin i_1 \end{cases} \Rightarrow i_{2e} < i_{2o}$$

所以 o 光、e 光传播方向分离。

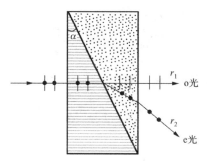

图 5.10　罗雄棱镜($n_o > n_e$)

3. 沃拉斯顿棱镜

沃拉斯顿棱镜(Wollaston prism)也是由两块冰洲石直角三棱镜黏合而成,第一块棱镜的光轴平行于入射表面,并与第二块棱镜的光轴方向正交,如图 5.11 所示。在第一块棱镜中作为慢光的 o 光,进入第二块棱镜后成为快光的 e 光。同理,e 光从第一棱镜进入第二棱镜后其身份也发生了变化,转变为 o 光。通过沃拉斯顿棱镜出现了双折射现象,o 光和 e 光传播方向分离。

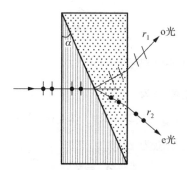

图 5.11　沃拉斯顿棱镜($n_o > n_e$)

5.2.2　波晶片

波晶片又称为相位延迟片,通常是由晶体中切割下来的一厚度均匀且光轴平行晶片表面的薄片。假设平行光束正入射时，o 光和 e 光传播方向相同，如图 5.6 所示，但其折射率分别为 n_o 和 n_e，在经历晶片厚度 d 以后，两者光程不同，从而使出射的两个正交光振动 $E_o(t)$ 和 $E_e(t)$ 之间添加了一相位差。波晶片内附加的相位差为

$$\delta_{oe} = \frac{2\pi}{\lambda_0}(n_e - n_o)d \tag{5.8}$$

1. 1/4 波晶片（quarter-wave plate）（记为 $\lambda/4$ 片）

通过 $\lambda/4$ 片而产生的附加相位差为

$$\delta_{oe} = \pm(2k+1)\frac{\pi}{2}, \quad k = 0,1,2,\cdots \tag{5.9}$$

对正晶体制成的 $\lambda/4$ 片，因为 $n_o > n_e$，有

$$\delta_{oe} = -\frac{\pi}{2}, -\frac{3}{2}\pi, -\frac{5}{2}\pi, \cdots$$

对负晶体制成的 $\lambda/4$ 片，因为 $n_o < n_e$，有

$$\delta_{oe} = \frac{\pi}{2}, \frac{3}{2}\pi, \frac{5}{2}\pi, \cdots$$

$\lambda/4$ 片所提供的有效相位差为

$$\delta_{oe} = \pm\frac{\pi}{2} \tag{5.10}$$

式中，$\pm$ 号并不对应正、负晶体。若无其他特别说明，人们将正晶体制成的 1/4 波晶片的有效相位差理解为 $+\pi/2$，将负晶体制成的 1/4 波晶片的有效相位差理解为 $-\pi/2$。

1/4 波晶片的厚度 d 应满足以下条件：

$$d = (2k+1)\frac{\lambda}{4\Delta n}, \quad \Delta n = |n_e - n_o| \tag{5.11}$$

其厚度最小值为

$$d_m = \frac{\lambda}{4\Delta n} \tag{5.12}$$

2. 1/2 波晶片（half-wave plate）（记为 $\lambda/2$ 片）

通过 $\lambda/2$ 片产生的附加相位差为

$$\delta_{oe} = \pm(2k+1)\pi, \quad k = 0,1,2,\cdots \tag{5.13}$$

从而 $\lambda/2$ 片所附加的有效相位差总为

$$\delta_{oe} = \pi \tag{5.14}$$

对正、负晶体均为此值，相应地，$\lambda/2$ 片的厚度 d 应满足以下条件：

$$d = (2k+1)\frac{\lambda}{2\Delta n}, \quad \Delta n = |n_e - n_o| \tag{5.15}$$

其厚度最小值为

$$d_m = \frac{\lambda}{2\Delta n} \tag{5.16}$$

3. 全波晶片（one-wave plate）（记为 λ 片）

通过 λ 片产生的附加相位差为

$$\delta_{oe} = \pm 2k\pi, \quad k = 1, 2, 3, \cdots \tag{5.17}$$

λ 片所附加的有效相位差总为

$$\delta_{oe} = 0$$

厚度满足

$$d = k\frac{\lambda}{\Delta n}, \quad \Delta n = |n_e - n_o| \tag{5.18}$$

其厚度最小值为

$$d_m = \frac{\lambda}{\Delta n} \tag{5.19}$$

5.2.3 晶体补偿器

波晶片的厚度是均匀不变的，在光束出射表面上只能获得固定的附加相位差。采用厚度线性变化的楔形晶体薄棱镜，可以获得连续可变的附加相位差，称为晶体补偿器。如图 5.12(a)所示，光束通过一个棱角为 α 的水晶薄棱镜，o 光和 e 光产生的附加相位差 δ 为

$$\delta(x, y) = \frac{2\pi}{\lambda}(n_e - n_o)d(x) \tag{5.20}$$

式中

$$d(x) \approx d_0 - \alpha x$$

d_0 是楔形水晶棱镜在原点处的厚度。当一束线偏振光正入射于该楔形水晶片时，出射光的偏振态随位置变化，可能为斜椭圆、正椭圆、斜椭圆、线偏振、斜椭圆等。单个楔形水晶片的缺点是无法确保零附加相位值的位置，为此人们设计了巴比涅补偿器（Babinet compensator）。

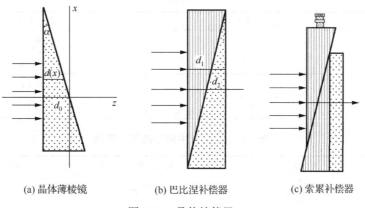

(a) 晶体薄棱镜　　　　(b) 巴比涅补偿器　　　　(c) 索累补偿器

图 5.12　晶体补偿器

巴比涅补偿器如图 5.12(b)所示，其左右两块楔形水晶棱镜的光轴方向彼此正交，该结构等同于沃拉斯顿棱镜，第一块棱镜的光轴平行于入射表面，并与第二块棱镜的光轴方向正交。当正入射光束通过该补偿器时，两个正交振动之一所对应的折射率从 n_o 转变为 n_e，另一个所对应的折射率从 n_e 转变为 n_o。补偿器引起的附加相位差为

$$\delta = \frac{2\pi}{\lambda_0}[(n_o d_1 + n_e d_2) - (n_e d_1 + n_o d_2)]$$

$$= \frac{2\pi}{\lambda_0}(n_e - n_o)(d_2 - d_1) \tag{5.21}$$

式中，d_1 和 d_2 分别为光束所历经的左右楔形棱镜的厚度。可见在不同位置处，对应不同的 d_1、d_2 值，因此厚度差 $d_2 - d_1$ 从上至下会发生连续变化，从而获得了连续变化的附加相位差值。巴比涅补偿器存在一个特殊位置，这里对应着 $d_1 = d_2$，于是，这里就对应着附加相位差为零值，可以标定这个位置为巴比涅补偿器的中心。

在巴比涅补偿器中，光束通过左侧棱镜而进入右侧棱镜后将发生双折射，自然地光束前进方向要偏离水平方向。当棱角 α 很小时，此偏离角也很小，保证了上述分析近似是合理的。

索累补偿器(Solei compensator)如图 5.12(c)所示，光轴彼此平行的两个楔形水晶棱镜，其中一个楔形棱镜安装在螺旋微动器上，通过螺旋运动而驱使其在另一个楔形棱镜上滑动，从而改变光束通过的有效厚度，实现了对附加相位差的连续可调，形成了一个厚度可调的波晶片，该补偿器引起的附加相位差满足式(5.21)。

5.3　圆偏振光、椭圆偏振光的产生和检验

5.3.1　偏振光通过波晶片后的偏振态变化

偏振光通过波晶片，其出射光的偏振态，由 o 光和 e 光在波晶片中产生的相位差 $\delta_0(A)$，以 o 光和 e 光的振幅 A_o 和 A_e 来确定。表 5.1、表 5.2 给出了典型的偏振光通过 $\lambda/2$ 片或 $\lambda/4$ 片偏振状态的变化。为了书写简便，用 $+\lambda/4$ 片表示 δ 取值 $+\pi/2$，用 $-\lambda/4$ 片表示 δ 取值 $-\pi/2$。

表 5.1　线偏振光与 $\lambda/2$ 片

序号	入射光偏振态	通过 $\lambda/2$ 片
(1)		
(2)		

表 5.2　$\lambda/4$ 片中偏振态间的转换

序号	入射光偏振态	通过 $+\lambda/4$ 片	通过 $-\lambda/4$ 片
(1)			
(2)			

续表

序号	入射光偏振态	通过 +λ/4 片	通过 −λ/4 片
(3)			
(4)			
(5)			
(6)			
(7)			
(9)			

由表 5.2 可知，为了获得不同偏振状态的偏振光，可以采用线偏振光入射正入射四分之一波晶片，并通过选择 +λ/4 片或是 −λ/4 片，以及入射线偏振光的偏振方向与波晶片光轴的不同夹角，来获得相应偏振状态的偏振光。当入射光的线偏振方位与 λ/4 片光轴夹角为 45° 时，两个正交振动的振幅相等，且 λ/4 片又提供 ±π/2 的附加相位差，其输出光是一个圆偏振光。

5.3.2　线偏振光、圆偏振光和椭圆偏振光相互转化模拟仿真

通过起偏器和 λ/4 片实现线偏振光、圆偏振光和椭圆偏振光相互转化。线偏振光产生圆或椭圆偏振光 Seelight 仿真模块(5C1)如图 5.13(a)所示，当偏振器透射偏振光振动方向(图 5.13(b))与光轴方向之夹角为 π/4 时，e 光和 o 光的振幅相等，e 光和 o 光在 λ/4 片传输中产生位相差为 ±π/2，出射光转换为圆偏振光(图 5.13(c))。当出射的圆偏振光再一次通过 λ/4 片，将转换为线偏振光(图 5.13(d))。该线偏振光通过下 λ/4 片，且线偏振分析与波晶片主轴夹角非 45° 角时，产生椭圆偏振光(图 5.13(e))。

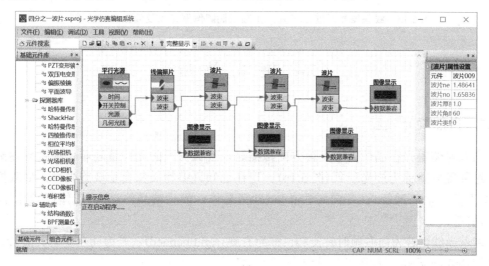

(a)

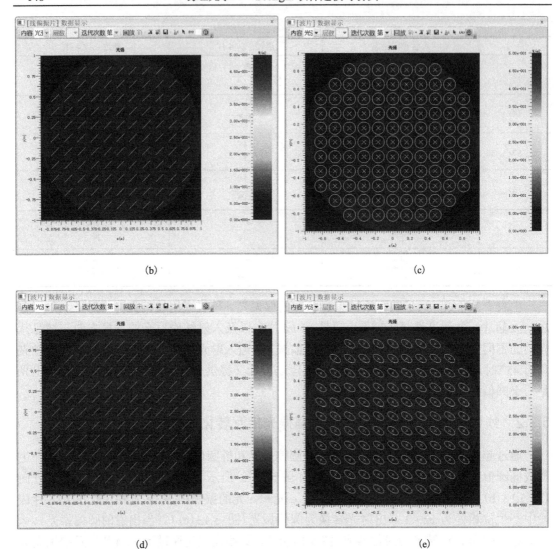

图 5.13　线偏振光通过 $\lambda/4$ 片产生圆或椭圆偏振光以及偏振态间的转换

5.4　旋 光 效 应

5.4.1　自然旋光效应

当入射偏振光在晶体内沿光轴方向传播时，线偏振光的光矢量随着传播距离逐渐转动，这种现象就称为旋光现象(图 5.14)。现在已知许多物质都会呈现旋光性，如双折射晶体(石英、酒石酸等)、各向同性晶体(砂糖晶体、氯化钠晶体等)、液体(砂糖溶液、松节油)等。

迎着光线，若为向右顺时针旋转，称为右旋(right handed)；若为向左逆时针旋转，称为左旋(left handed)，如图 5.15 所示。

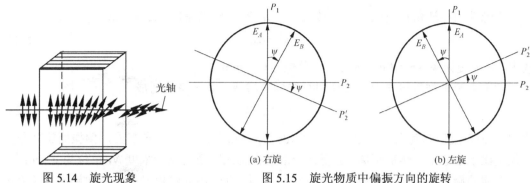

图 5.14　旋光现象　　　　　　　　图 5.15　旋光物质中偏振方向的旋转

对于同一旋光物质，可能存在旋光性相反的两种结构，它们被称为旋光异构体，例如，石英就存在右旋石英晶体和左旋石英晶体，它们的外形完全相同，只是一种是另一种的镜像反演（图 5.16），其内部原子排列分别呈现右旋结构和左旋结构。这种结构决定了偏振光的振动方向究竟是向左还是向右。

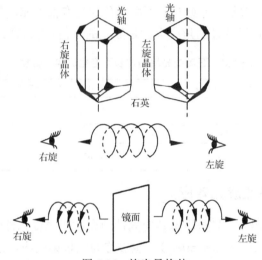

图 5.16　旋光异构体

旋光物质螺旋状结构的旋光性与观察方向是无关的，如图 5.17(a)所示，一束线偏振光自左向右通过旋光体时，若其偏振面发生右旋，再经反射镜后光束返回，自右向左通过旋光体，则旋光性不变，即其偏振面依然发生在右旋。这一性质称为自然旋光的可逆性，其结果为射出旋光体的光矢量平行射入旋光体的光矢量，即 $E_A' // E_A$，参见图 5.17(b)和(c)，以致反射光束完全地通过偏振片 P_2。

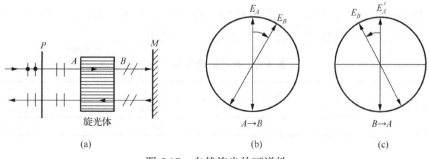

图 5.17　自然旋光的可逆性

旋光性的旋转角 ψ 正比于旋光体的长度 d。对于旋光晶体，其关系式可写成以下形式：

$$\psi = \alpha d \tag{5.22}$$

式中，α 为旋光率（specific rotation），单位为（°）/mm。

对于由旋光物质与非旋光液体混合的旋光溶液，其关系式写成

$$\psi = [\alpha] N d \tag{5.23}$$

式中，$[\alpha]$ 为液体的旋光率，单位为（°）/(dm·g·cm^{-3})。对于旋光溶液，偏振面旋转角度不仅正比于溶液中的传输距离，也正比于溶液中旋光物质的质量浓度 N，单位为 g·cm^{-3}。

介质的旋光率与入射光波长有关。在白光照射下，不同颜色光的振动面旋转的角度不同。透过检偏器观察时，由于各种颜色的光不能同时消光，故旋转检偏器时将观察到色彩的变化。旋光率 α 与波的 λ 的定量关系大致上可表示为

$$\alpha = A + \frac{B}{\lambda^2} \tag{5.24}$$

式中，A 和 B 是两个待定常数。可见对于不同颜色的光有很不相同的旋光率，其几乎与波长的平方成反比，即紫光所转过的角度大约是红光的 4 倍（表 5.3）。

表 5.3　石英旋光率随波长而变化的实测数据

波长/nm	794.76	760.4	728.1	670.8	656.2	589.0	546.1
旋光率/((°)·mm^{-1})	11.589	12.688	13.924	16.535	17.318	21.749	25.538
波长/nm	486.1	430.7	404.7	382.0	344.1	257.1	175.0
旋光率/((°)·mm^{-1})	32.773	42.604	48.945	55.625	70.587	143.266	453.5

5.4.2　法拉第效应磁致旋光效应

在外加磁场 B 的作用下，某些原本各向同性的介质变成旋光性物质，称为法拉第磁致旋光效应（Faraday magneto-optics effect），也被称为法拉第效应。法拉第效应第一次显示了光和电磁现象之间的联系，促进了对光本性的研究。之后费尔德（Verdet）对许多介质的磁致旋光进行了研究，发现法拉第效应在固体、液体和气体中都存在。

光在磁场的作用下通过介质时，光波偏振面转角 ψ 正比于磁场 B 和介质长度 l，其定量表达式为

$$\psi = VBl \tag{5.25}$$

式中，V 称为费尔德常数，它表征物质的磁光特性。它因介质而异，可由实验测定。一般物质的 V 值均很小。表 5.4 列出几种典型物质的 V 值，其单位为（°）/(T·m)，注意，磁感应强度 B 的国际单位为特斯拉(T)，1 特斯拉=10^4 高斯。

表 5.4　介质的费尔德常数

介质	温度/℃	波长/nm	$V/((°)/(T·m))$
锗酸铋(BGO)晶体	室温	632.8	1.797×10^3
磁光玻璃 SF-57	室温	632.8	1.115×10^3

续表

介质	温度/℃	波长/nm	$V/((°)/(\text{T}\cdot\text{m}))$
磁光玻璃 SF-6	室温	632.8	1.017×10^3
轻火石玻璃	18	589.3	5.28×10^2
石英晶体(垂直光轴)	20	589.3	2.77×10^2
食盐	16	589.3	5.98×10^2
水	20	589.3	2.18×10^2
二硫化碳	20	589.3	7.05×10^2

与自然旋光效应不同的是,磁致旋光具有不可逆性。当光传播方向为 $r/\!/B$ 时,若法拉第效应表现为左旋,则当光线逆反即 $r/\!/(-B)$ 时法拉第效应表现为右旋。于是,当一束线偏振光往返两次通过磁场区时,其偏振面的转角便加倍,见图 5.18(a),设光束从 $a\to b$ 通过磁场区,其偏振面向左旋转角度为 ψ_1,经右侧一表面 M 的反射,光束从 $b\to a$ 返回,再一次通过该磁场区,则迎着光传播方向看其偏振面向右旋转了 ψ_1 角度。那么,在现实空间中最初入射光矢量 E_a 与重返回来的光矢量 E_a' 之夹角为

$$\psi = 2\psi_1 \tag{5.26}$$

这一效应是制作后向光隔离器的基本原理。

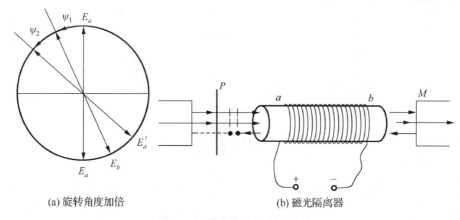

(a) 旋转角度加倍　　　　　　　　　(b) 磁光隔离器

图 5.18　磁致旋光的不可逆性

线偏振光可以分解为左旋与右旋偏振光的叠加,如图 5.19(a) 所示。材料的旋光性质可解释为材料的左旋偏振光折射率与右旋偏振光折射率不同,当线偏振光(图 5.19(b))在这类材料中传输时,其左旋与右旋光的折射率存在差异,使出射光左旋与右旋光产生附加相位差,线偏振方向发生偏转,如图 5.19(c) 所示。

5.4.3　旋光效应 Seelight 模拟

材料的旋光性质通过 Seelight 软件建立仿真模块(5D1),如图 5.20(a) 所示,旋光效应模块包括两个磁致旋光模式,它们磁场方向设置为相反方向。线偏振光通过线偏振器产生水平方向线偏振光,如图 5.20(b) 所示。偏振光通过磁致旋光体(对应仿真模块的旋光效应器件)时,偏振方向发生顺时针旋转,如图 5.20(c) 所示。当磁致旋光材料厚度相对图 5.20(c) 中的材料厚度增加一倍时,出射线偏振光偏振方向旋转角度也相应增加一倍,如图 5.20(d)

所示。当设置磁场参数其大小与产生图 5.20(c)旋光磁场相同、方向相反时，输出偏振光也反向旋转，如图 5.20(e)所示。

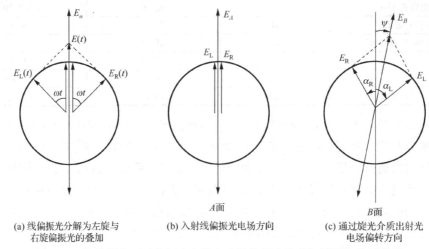

(a) 线偏振光分解为左旋与　　　　　(b) 入射线偏振光电场方向　　　　　(c) 通过旋光介质出射光
　　　右旋偏振光的叠加　　　　　　　　　　　　　　　　　　　　　　　　　电场偏转方向

图 5.19　线偏振光可以分解为左旋与右旋偏振光的叠加演示旋光示意图

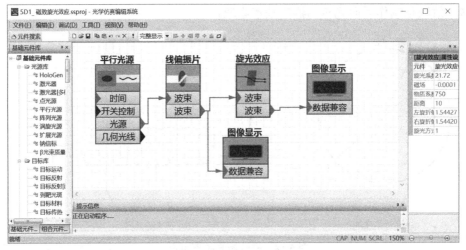

(a)模拟模块

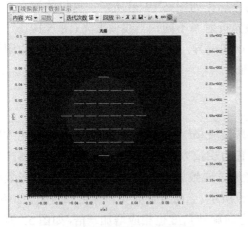 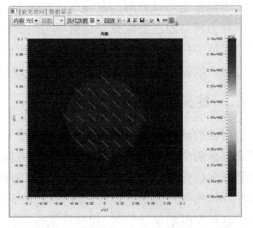

(b)通过线偏振片生成线偏振光　　　　　　　(c)线偏振光传输距离 10cm 偏振光顺时针旋转

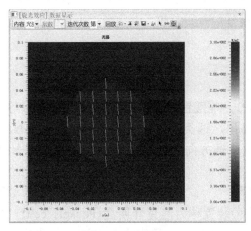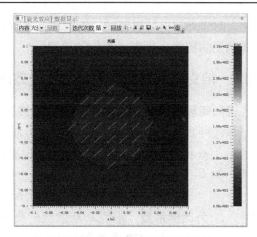

(d) 线偏振光传输距离 20cm 偏振光旋转度增加一倍　　　　　　(e) 磁场方向反向时偏振光逆时针旋转

图 5.20　晶体材料与磁致旋光的旋光性质仿真模型及计算结果

　　在光纤通信、光信息处理和各种测量系统中，都需要有一个稳定的光源，由于系统中不同器件的连接处往往会反射一部分光，一旦这些反射光进入激光源的腔体，会使激光输出不稳定，从而影响了整个系统的正常工作。磁光隔离器就是专为解决这一问题而发展起来的一种磁光非互易器件。

　　普通的磁光隔离器结构如图 5.21 所示。其核心部分由两偏振片和法拉第旋光器组合而成，利用法拉第旋光器的非互易性，使正向传播的光无阻挡地通过，而全部排除从器件接点处反射回来的光，从而有效地消除了激光源的噪声。目前的磁光隔离器主要有偏振相关型与偏振无关型两种类型，前者又分空间相关型磁光隔离器、磁敏光纤偏振相关隔离器、波导型隔离器等，后者包括 Walk-off 型磁光隔离器和 Wedge 型在线式偏振无关磁光隔离器。利用磁致旋光效应的隔离器和磁光开关广泛应用于光纤通信、光纤激光等领域。

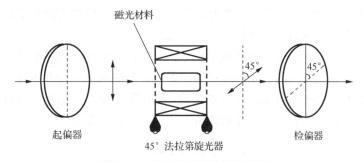

图 5.21　磁光隔离器结构示意图

5.5　电光效应

　　在外来电场的作用下，某些原本各向同性的物质变成各向异性，表现出光学双折射现象；或者某些原本为单轴晶体的物质变成双轴晶体，这类现象统称为电光效应 (electro-optic effect)。

　　由于电光效应的弛豫时间极短 (约 10^{-11} s)，当施加电场时，介质的折射率变化在瞬间发生，而当外加电场撤销时，折射率又在瞬间恢复正常。因此，电光效应为我们提供了高速调制光的振幅、频率或相位的手段。

5.5.1　泡克耳斯效应——线性电光效应

诸如磷酸二氢钾（KDP）、磷酸二氢铵（ADP）、铌酸锂（LiNbO$_3$）、碘酸锂（LiIO$_3$）等单轴晶体在外加电场的作用下可以转变为双轴晶体，这类现象称为泡克耳斯（Pockels）效应的感生双折射现象，泡克耳斯效应形成垂直光轴方向的两个主折射率差 Δn，正比于外加电场 E：

$$\Delta n = CE \tag{5.27}$$

式中，C 为比例常数。泡克耳斯效应的典型实验装置称为泡克耳斯盒（Pockels cell），如图 5.22 所示，一块 KDP 晶体置于正交偏振片 P_1 和 P_2 之间，晶体的光轴方向 z、光束方向和外加电场方向 E 三者一致。泡克耳斯盒的两个端面既要透光又要导电，故它们常用金属氧化物，如 CdO、SnO、InO，或者采用细金属环、细金属栅条。

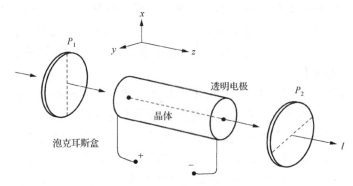

图 5.22　泡克耳斯效应

当不加电压即 $U=0$ 时，晶体为单轴晶体，由于入射光传播方向与晶轴方向平行，光束在晶体内传播不发生双折射，系统的输出光强为 0；当加以电压 U 以后，系统便有输出光强，原因是该晶体在纵向电压下变成了双轴晶体，其横向两个主折射率 $n_x \neq n_y$，造成折射率差 $\Delta n = n_x - n_y$。于是，沿 z 方向传播的线偏振光其偏振方向分解在 x 和 y 两个方向的线偏振光，经晶体后就有一附加相位差 δ，不同的相位差使得输出光可以成为椭圆偏振光或圆偏振光。经过长度为 l 的泡克耳斯盒所产生的附加相位差为

$$\delta = \frac{2\pi}{\lambda} \Delta n \cdot l = 2\pi \frac{C}{\lambda} lE \tag{5.28}$$

式中，δ 与 E 成正比，故又称为线性电光效应。式(5.28)表明，若电极反向即电场 E 反向，则 Δn 或 δ 的正负号也将反号。

5.5.2　克尔效应——平方电光效应

一些材料如玻璃板、气体、液体（硝基苯（C$_6$H$_5$NO$_2$）、苯（C$_6$H$_6$）、二硫化碳（CS$_2$）、水（H$_2$O）、硝基甲苯（C$_7$H$_7$NO$_2$）、三氯甲烷（CHCl$_3$）等），在强电场作用下表现出双折射晶体性质，引起的主折射率差与电场强度的平方成正比：

$$\Delta n \propto E^2 \quad 即 \quad \Delta n = bE^2 \tag{5.29}$$

这种现象称为二次电光效应，也称平方电光效应或克尔效应(Kerr effect)，该效应是由克尔于 1875 年发现的。

克尔效应的典型实验装置称为克尔盒(Kerr cell)，见图 5.23(a)，在一对正交偏振片 P_1、P_2 之间加置一透明玻璃盒，其内充有一种溶液(如硝基苯)，盒内装有平行板电极，外加直流高压电源，可在溶液中产生横向电场。通常该电场方向 $E_{外}$ 与 P_1、P_2 透振方向之夹角为 45°，见图 5.23(c)。

当加上直流电压 U 时，溶液受到电场作用，表现出单轴晶体的双折射性质，其等效的光轴方向平行于外电场。入射于克尔盒的线偏振光矢量被分解为 e 振动和 o 振动，在克尔溶液中分别具有不同的折射率 n_e 和 n_o，形成折射率差 Δn，致使从克尔盒出射的两种不同偏振方向的线偏振光有一定的相位差 δ。

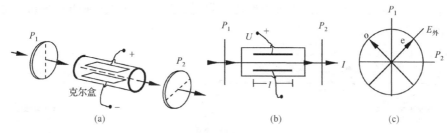

图 5.23　克尔效应

假设克尔盒中电场区的长度为 l，引入克尔常数 $K = \dfrac{b}{\lambda}$，则克尔效应所导致的两种偏振方向光的附加相位差为

$$\begin{aligned}\delta &= \frac{2\pi}{\lambda} l b E^2 \\ &= 2\pi K l E^2\end{aligned} \tag{5.30}$$

式中，克尔常数 K 的单位为 m/V^2。线偏振光通过克尔盒后的输出光在不同电场强度条件下表现出三种偏振性质：

(1) $\delta = m\pi$，线偏振光，其中，$m = 0, \pm 1, \pm 2, \cdots$；

(2) $\delta = 2m\pi \pm \dfrac{\pi}{2}$，圆偏振光；

(3) δ 为任意值，椭圆偏振光。

克尔效应的弛豫时间即对外场响应所滞后的时间 τ 非常短，约在 10^{-9}s 数量级，即纳秒数量级。因此可以利用克尔效应制作成高速电光开关和电光调制器，有着广泛的应用。如果 $\delta = \pi$，则入射光矢量经克尔盒后，输出的依然为线偏振光，且其偏振方向恰巧平行于 P_2 透振方向，此时整个光学系统处于"全通"状态，通常称此电压为半波电压 $U_{半}$。如果 $\delta = 0$，通过分析可知整个光学系统处于"全关"状态。因此，假如外加电路提供一电压方波，在 0 与 $U_{半}$ 两个状态下跃变，则该光学系统便在"全关"与"全通"两个状态下跃变，实现了高速电光开关的功能。

利用电光效应可以制作电光调制器、电光开关、电光光偏转器等，可用于光闸、激光器的 Q 开关和光波调制，并在高速摄影、光速测量、光通信和激光测距等激光技术中获得了重要应用。

5.5.3　电光效应 Seelight 模拟

以磷酸二氢铵为例，应用 Seelight 软件中电光效应模块建立仿真模拟程序(5E1_1)如图 5.24(a)所示，平面波经过线偏振器出射光为线偏振光，偏振方向如图 5.24(b)所示。根据电光效应模块中克尔盒参数(图 5.24(c)和式(5.30))，外加电压产生的电场方向与起偏器方向夹角为 45°，当外加电压为 14.31495835kV 时，o 光与 e 光产生的相位差为 $\pi/2$，经克尔盒的出射光为圆偏振光，如图 5.24(d)所示；当外加电压产生的电场方向与起偏器方向夹角为非 45°角，如 30°角时，经克尔盒的出射光为椭圆偏振光，如图 5.24(e)所示。当外加电压为 0 或 20.2444kV(图 5.24(f))时，o 光与 e 光的相位差为 0 或 π，克尔盒的出射光为与入射光相同的线偏振光，如图 5.24(g)所示；当外加电压产生的电场方向与起偏器方向夹角为非 45°角而是 30°角时，经克尔盒的出射光仍为线偏振光，其偏振方向相对原线偏振光的偏振方向旋转了 60°，如图 5.24(h)所示。

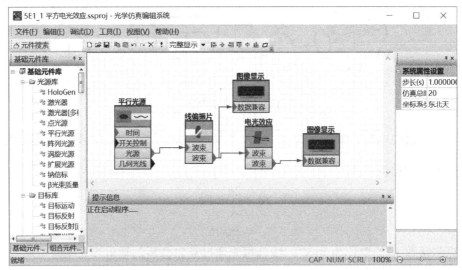

(a) 仿真模块

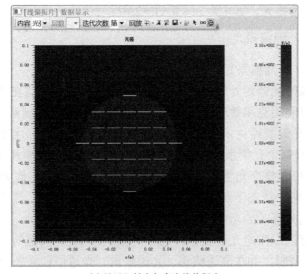

(b) 显示入射克尔盒为线偏振光

(c) 产生圆偏振光参数设置

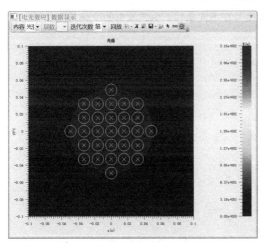

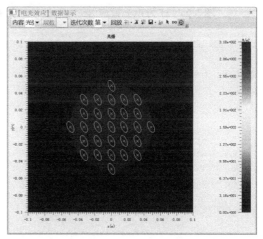

(d) 当入射线偏振光偏振方向与电场方向
夹角为 45°时产生圆偏振光

(e) 入射线偏振光偏振方向与电场方向夹角为非 45°时
产生的椭圆偏振光

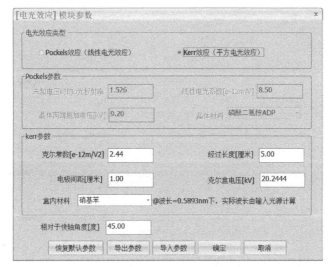

(f) 当外加电压为 0 或 20.2444kV

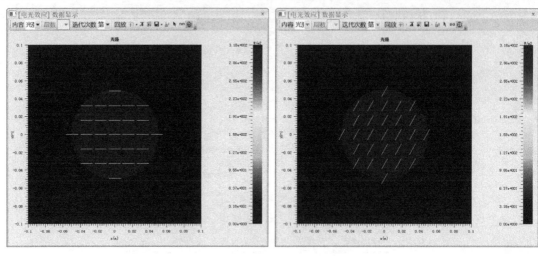

　　(g) 出射光为与入射光相同的线偏振光　　　　　　　(h) 偏振方向相对原线偏振光的偏振方向旋转了 60°

图 5.24　平方电光效应 Seelight 软件模拟程序与在不同条件下偏振状态的变化仿真结果

参 考 文 献

姜宗福, 杨丽佳, 刘文广, 等, 2018. 物理光学导论. 2 版.北京: 科学出版社.

钟锡华, 周岳明, 2004. 现代光学基础. 北京: 北京大学出版社.

BENNETT C A, 2008. Principles of physical optics. New Jersey: John Wiley & Sons Inc..

GOODMAN J W, 2007. Fourier optics. 3rd ed. Greenwood Vallige: Roberts & Company Publishers.

HECHT E, 2002. Optics. 4th ed. San Francisco: Pearson Education, Inc..

LIPSON A, LIPSON S G, LIPSON H, 2011. Optical physics. 4th ed. Cambridge: Cambridge University Press.

附录 Seelight 软件简介与使用技巧

高能激光系统仿真软件(英文简称"Seelight")由国防科技大学前沿交叉学科学院高能激光技术研究所联合中国科学院软件研究所开发,在光学领域的基础理论学习与相关的科学研究工作中具有广泛应用价值。Seelight 软件以波动光学基本原理和计算机仿真学基本原理为理论基础,涵盖了从光源的产生到光束的传输、变换与控制再到光束的探测与分析的全方位的光学虚拟仿真过程。该软件开发的初衷是针对高能激光技术在国防领域的应用需求,为了提高高能激光系统的研发效率,提高系统实验的针对性,降低系统实验的成本,以及探索各种新技术在高能激光系统上的应用效果,利用计算机技术融合基本光学领域的物理模型开发的高能激光仿真软件。该软件在高能激光技术领域应用过程中,经过适当的拓展,可以很好地满足光学领域科研与教学中的仿真需求。在本附录中主要针对Seelight 软件在物理光学领域中的应用进行归纳与总结,以期能够将物理光学中的基础理论内容与虚拟仿真模型相结合,通过物理光学数值仿真实验,为读者提供更直观的物理光学图像,加深对物理光学概念的理解。

一、Seelight 软件简介

Seelight 软件设计采用界面图形化、器件模块化、参数表格化、结果可视化的"四化"设计理念,以"所见即所得"的方式,通过对已选物理模型的连线,实现对光学仿真系统的搭建和设计,以灵活的图形界面和方便的参数列表,生成可直接仿真运行的仿真应用系统。软件的核心构架是以面向对象的 C++语言编成的,运行高效,易于移植。软件应用于物理光学仿真部分,根据物理光学基本原理、主要现象和功能器件构成软件模型库,由开源优化算法代码库和 C 语言函数库构成了软件的基本运算库,供各功能模块和模型调用,将各物理模型按照光学系统的组成结构和光路连接顺序连接成仿真系统,在完成对各个模型仿真参数和系统运行环境参数设置之后,形成可执行仿真系统,对要模拟的光学系统进行仿真分析。

Seelight 软件利用先进的计算机仿真建模技术将物理光学中众多抽象、复杂的理论公式和物理现象以简单直观的参数界面和图形化模型表示,将波动理论中不易直接得到的结果通过仿真方法直观展现出来,使用户可以脱离复杂、烦琐的实验系统搭建过程,更加直观、方便地感受物理光学世界中的各种有趣的原理和现象,帮助学生更深刻地理解物理光学的核心知识。

目前该软件根据具体应用需求分为专业版和基础版,专业版为高能激光系统设计、研发和操作的科研人员提供了一个全系统的仿真平台,基础版为光学工程专业的学生和从事物理光学、几何光学、信息光学等课程教学的教师提供了一款直观的仿真教学工具。基础版的软件分为单机版和网络版,其中网络版已在光学系统虚拟仿真实验平台(网址为www.seelight.net)上发布,对软件感兴趣的教师和学生可在该网站上免费注册试用。附图 1 为基础版软件网站平台截图。

附图 1　教学版软件网站截图

软件结构和组成框图如附图 2 所示。

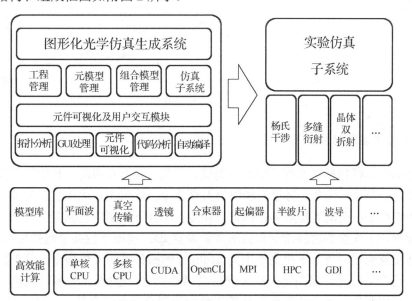

附图 2　仿真软件结构和组成框图

二、软件操作界面介绍

安装完单机版软件后，双击桌面图标 Seelight.exe 打开软件操作界面（网络版使用账户登录后，选择新建一个系统，进入操作界面操作界面布局与单机版略有不同），如附图 3 所示。操作界面分为四个基本区域：菜单与工具栏区域、元件库区域、系统搭建区域、系统属性设置区域。

　　主界面左侧为基础元件库和组合元件库窗口部分，基础元件库窗口中包含光源库、光束传输库、控制库、器件库、探测器库和辅助库，这六个库为软件的基本模块库，每个库中又包含有若干个基本功能模块。组合元件库中包含由多个模块连接构成的子系统封装而成的新模块。主界面右侧为属性窗口，显示构成仿真系统的工程属性，用户可以修改各参数；当用鼠标选中主界面上的某个模块时，属性窗口显示该模块的主要运行参数。界面的元件放大缩小可由鼠标滑轮拖动设置或右下角放大-缩小按钮设置。

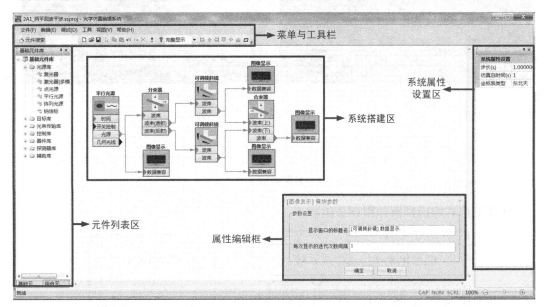

附图 3　软件操作界面

1. 菜单与工具栏功能

　　操作界面菜单栏包括对文件、编辑、调试、工具、视图和帮助。其中，文件下拉菜单包括文件新建、打开、保存、另存为和退出五个指令；编辑下拉菜单包括复制、粘贴、删除和全选四个指令；调试下拉菜单包括执行指令；工具下拉菜单包括配色方案设置、仿真程序生成设置、工程参数功能指令和自动重新设置 ID；视图下拉菜单包括标准、状态栏、窗口和风格功能选项；帮助下拉菜单中为 Seelight 的操作说明文档指令。菜单栏下面的工具栏中分为几个功能区，最左边一栏为元件搜索 ⌂元件搜索，输入元件名称关键词可以快速找到对应的模块元件； ▯☞🖫 三个工具按钮分别为创建新系统文件、打开已有系统文件、保存系统文件； 🗐🖺↶↷✕ 五个工具按钮分别为复制、粘贴、撤销、恢复和删除工具； 🔼 按钮为运行程序； ❓ 按钮提供模型元件的帮助说明； 完整显示 ▾ 提供界面工作区内的模块元件的三种显示方式——完全显示、简单显示和示意图； 七个工具按钮分别对工作区内的模块元件进行左对齐、列居中、右对齐、上对齐、行居中、下对齐和隐藏图像显示元件。

　　软件提供了配色方案主要对模块元件的颜色和模块元件的各种输入输出端口及连线的颜色进行默认设定，也可以由用户自主选择，如附图 4 所示。

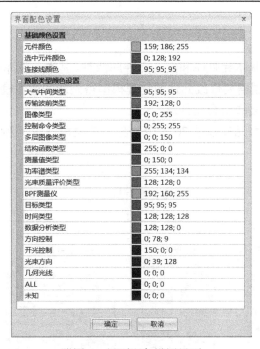

附图 4 界面配色设置界面

软件提供了工程参数作为仿真系统的全局参数变量，用户可以根据需要将仿真系统中多个模型元件中共用的全局型参数设置为工程参数，参数名为用户设定的变量名，参数有整型参数和浮点型参数两种，参数值可以设置为单一数值或多个数值(中间用逗号隔开)，如果某个工程参数设置为多值，仿真系统将按照逐个赋值运行一遍，如附图 5 所示。

附图 5 工程参数设置界面

2. 元件库

软件的元件库包含基本元件库和组合元件库两种。基本元件库中的元件为软件的最基础的模型组件，可以根据需要修改元件的物理模型得到新的衍生模型元件，而多个相互连接好的基本元件可以封装成组合元件。

目前软件有基本模型元件超过 70 多个，分为 7 类模型库，附图 6 给出了基础版软件包含的主要模块。

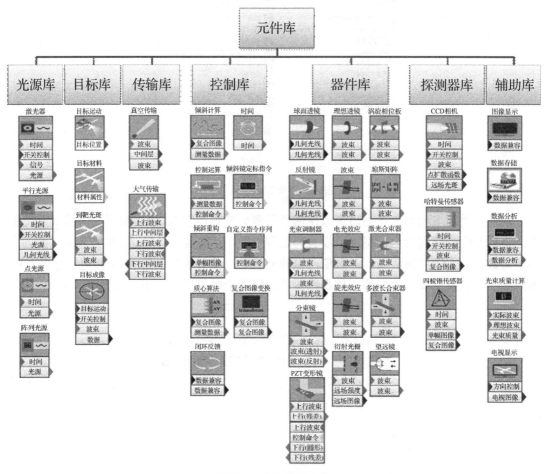

附图 6　功能基础元件

组合元件库中的元件是由多个独立元件或组合元件封装在一起构成的，如附图 7 所示，左图为封装后的组合元件图标，右边多个元件为组合元件的构成关系。构建组合元件时，选择需要分装成组合元件的若干个元件，右击鼠标，在下拉菜单中选择组合元件。组合元件需要注意以下几点：①构成组合元件的多个元件间要有完整的连接关系，所有元件的输入端都要有数据线连接；②要查阅组合元件的构成关系可以通过双击组合元件图标还原其内部基础元件的组合关系；③组合元件没有独立的参数设置界面，对组合元件设置参数时也需要双击组合元件图标进入内部基础元件关联图，通过逐个设置基础元件的参数来完成。

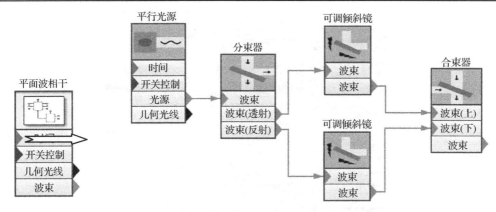

附图 7　组合元件

3. 仿真系统搭建工作区

软件操作界面的中心区是搭建仿真系统的工作区域，根据要搭建的仿真系统的光路图，首先在元件库中选择需要的模型元件，拖入工作区域，依据仿真实验光路图，将元件按照光束传输的顺序或方向排列，对应的每个元件数据输入输出端分别通过连线进行连接，如附图 8 所示。每个元件的数据输出端都可以连接一个图像显示元件，对元件输出的计算结果进行显示。

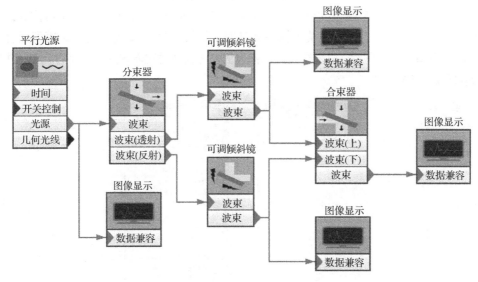

附图 8　搭建仿真系统

4. 模型元件参数设置界面

在仿真系统搭建工作区双击每个元件可展开模型元件的参数设置表，如附图 9 所示，以平行光源元件参数设置界面为例。参数设置界面包含该元件的模型参数。组合元件没有参数设置界面，双击元件进入构成组合元件的模型元件组合，每个基本元件可继续双击打开其参数设置界面。

附图 9　平行光源元件参数设置界面

5. 仿真系统属性设置区

软件操作界面最右侧为仿真系统属性设置区，用于对工作区内搭建的仿真系统设置其运行参数，如附图 10(a)所示，主要包括步长、仿真总时间和坐标系类型，步长表示搭建的仿真系统运行一次各个模型元件的时间参数变化的时间间隔，仿真总时间是仿真系统要模拟的总时间。当单击工作区内某个模型元件时，系统属性设置区则显示该模型元件的属性设置，如附图 10(b)所示，以平行光源元件为例，在属性设置表内显示了平行光源模型的主要参数及赋值列表。

　　　　　(a)　　　　　　　　　　　　　(b)

附图 10　仿真系统属性设置区

三、软件运行界面

完成仿真系统搭建后，单击工具栏的运行图标 ，将首先弹出计算资源选择界面，如附图 11 所示，软件自动查询计算的硬件计算资源，包括 GPU 资源信息和 CPU 资源信息，为用户提供本地资源可以用来仿真计算的计算方式。用户选择适合的计算方式后，点击"OK"键确定，进入软件的运行界面，如附图 12 所示。其中，界面上部为菜单栏和工具栏，主要用来控制仿真进度和界面显示状态。界面的底部为提示信息和仿真进度。界面最左端为属性窗口。中间区域显示仿真系统构架图，单击其中某个元件可以在界面最右侧属性栏显示该元件的参数列表，双击仿真系统中的图像显示元件可以打开显示界面，显示出该图像显示元件连接的元件输出端输出的计算数据。

附图 11　计算资源选择界面

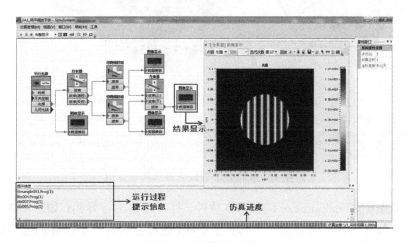

附图 12　软件运行界面

　　菜单栏中仿真管理菜单包括开始、步进和暂停三个下拉功能选项，视图菜单包括工具栏和状态栏两个下拉功能选项，显示菜单包括显示所有窗口和关闭所有窗口两个选项，帮助菜单包含软件的操作指南。工具栏左边三个按钮 ▸ ≡ ‖ 分别表示连续运行仿真、单步运行仿真、暂停仿真；完整显示 ▾ 提供界面工作区内的模块元件的三种显示方式——完全显示、简单显示和示意图；▣ ▦ 分别表示打开/关闭所有图像显示窗口和对其排列所有图像显示窗口；▣ 提供所有图像显示界面内的数据回放；▧ 按钮显示全局参数列表，提供用户修改全局变量赋值重新运行仿真过程；≫ 按钮提供延长仿真总时间；▫ 隐藏/显示所有图像显示元件图标。

　　界面底部的提示信息栏给出所有模块元件进行初始化的过程信息，当所有元件都正常完成初始化后，界面最底端进度栏显示"就绪"，此时单击"运行"按钮（单步或连续），最底端的进度条则随着仿真的运行显示当前的仿真进度，以"运行到第几次/总仿真次数"的形式表示。界面的最右侧仍然表示系统的属性设置情况或选择的某个元件的属性设置情况。

四、Seelight 软件操作指南

1. 搭建仿真系统

　　以 7 路激光相干合成实验为例（该模型同时可以理解为计算 7 单元圆孔产生的 7 束光的夫琅禾费衍射场，即远场衍射场），介绍仿真系统的搭建过程、参数设置和运行结果，使用户可以完整地了解软件的操作过程，直观地观察仿真实验的结果。7 路相干合成的光路示意图如附图 13 所示。

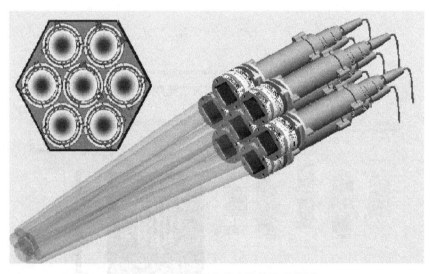

附图 13　7 路相干合成光路结构示意图

　　双击桌面图标 ▨Seelight.exe 运行仿真软件，打开系统运行界面，如附图 3 所示。搭建仿真子系统可以在软件界面新建一个仿真子系统，也可以打开一个保存的已有仿真子系统进行修改后，形成新的仿真子系统。

2. 新建仿真子系统

搭建 7 路相干合束系统，选择菜单"文件"→"新建"→"子系统"选项或单击工具栏的"新建"按钮 □，新建一个子系统文件，如附图 14 所示。按照以下步骤完成新建一个仿真子系统。

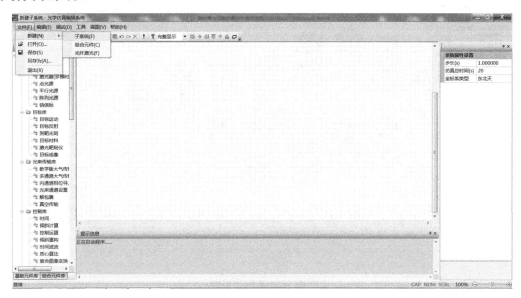

附图 14　新建子系统

1) 选择构成仿真子系统的各个模块元件

从界面左侧的 7 个模型库中选择构成仿真子系统的各个功能模块元件，并拖入工作界面。7 路相干合束仿真系统需要 7 个激光器元件、1 个激光合束器元件、1 个理想透镜元件、1 个真空传输元件和若干个图像显示元件，如附图 15 所示。

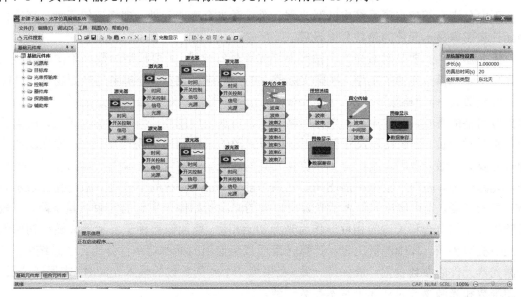

附图 15　选择需要的功能模块

2)连接仿真子系统中各模块元件

将各功能模块按光束传输顺序或者信号传递顺序依次排列，鼠标点击光束传出的模块元件输出端的节点，按住鼠标左键不放，直到拖出的箭头连接到下一模块元件的光束输入节点，即完成模块间的连接。通过正确的连接，建立附图 16 所示的子系统。

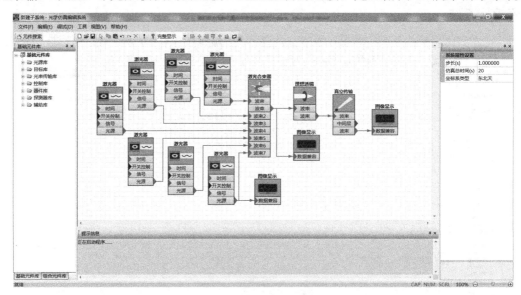

附图 16　连接子系统

注：①连接的箭头必须从前一个模块的输出端到下一个模块的输入端，其他连接方式均不能完成；

②前一个模块输出端的数据类型必须跟下一个要连接的模块的输入端的数据类型一致，否则不能连接完成。

3)模块元件参数设置

下面分别介绍仿真子系统中的激光器元件、激光合束器元件、理想透镜元件、真空传输元件和图像显示元件的参数界面设置。

激光器元件主要是对激光光源按照高斯光束进行建模，主要模型参数如附图 17 所示。激光功率表示模拟光源的功率，根据实际器件的指标进行设置。分辨率是光源物理尺寸除以光源维数(采样网格数)，为不可设置参数。光源维数表示对光源高斯光束模型采样的数值离散网格的规模，一般为 2^n，采样网格越大，仿真精度越高，但运算量也越大，所需要的仿真耗时越长。光源物理尺寸表示用于模拟光源的采样网格的物理尺寸，一般光源的物理尺寸要大于激光孔径。波长为实际仿真光源的波长。带宽表示光源的实际带宽，一般按窄带光源处理。高斯束腰半径描述高斯光束总能量 86.5%对应的半宽度。激光孔径表示高斯光束的半径。光束质量因子表示光源出口处的光源初始像差引起的光束质量下降，一般以随机分布的符合科氏谱的相位屏作为光源初始相位。叠加像差种子表示形成随机初始像差的随机数种子。环围能量比表示计算光束质量所使用的桶中功率百分比。子系统中的 7 个激光器元件的参数设置一般保持一致，当模拟 7 个不同参数的输入光源时，需保证波长、光源维数和光源物理尺寸 3 个基本参数一致。

附图17　激光器元件参数设置模块

　　激光合束器元件主要模拟多路相干/非相干的合束器结构，一般为环形排布方式。激光合束器元件的图标一般为一个输入端和一个输出端，如果输入的光源为多个，需要设置输入通道数量与光源数量一致，将鼠标移动到元件图标上并右击，选择通道个数设置，出现对话窗口如附图18所示，本仿真系统需设置为7。该元件参数设置界面如附图19所示。合束器尺寸表示整个合束器的物理尺寸。相邻光束中间距离表示相邻两个光束的中心间距，一般要等于或大于激光器元件中设置的激光孔径。阵列环数表示环形排布时从中心到边缘的排布总环数，中心位置也认为是第一环。每环光束个数，填写格式为"0,m,n,…"（中心第一环为1或0，代表中心有或无光束，m,n,…分别是第二，三，…环光束个数）。总光束数为各环光束个数相加的总和，不可修改。自定义阵列排布可以实现用户自定义的特殊排布方式的阵列，需要导入各光束中心所在的坐标形成的矩阵数据。激光类型分为相干光源和非相干光源两种。参数设置界面右边提供了排布方式的预览图，需要填入光束的直径尺寸后，单击"预览"按钮，即可得到激光合束器的光束排布图。

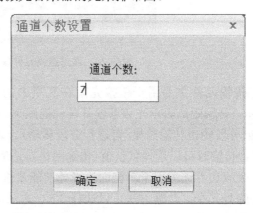

附图18　激光合束器元件设置

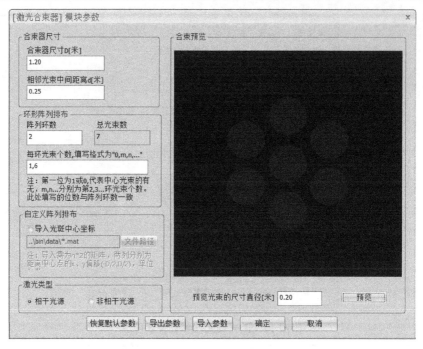

附图 19　激光合束器元件参数设置界面

理想透镜元件主要用于模拟聚焦传输，与传输元件配合，可以得到焦平面处的光斑分布。理想透镜元件参数设置界面如附图 20 所示。焦距为理想透镜的焦距，一般要保证焦距与传输距离一致，焦距为正表示凸透镜，焦距为负表示凹透镜。

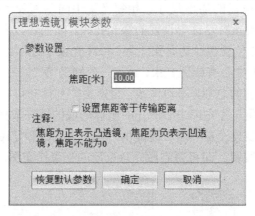

附图 20　理想透镜元件参数设置界面

真空传输元件主要用于模拟光束在真空中的菲涅耳传输过程，参数设置界面如附图 21 所示。传输距离表示光束菲涅耳传输的距离，可以选择时变传输距离（传输距离随时间变化）或分段输出传输结果（可进行分段传输）。靶面尺寸表示传输到目标靶面处的物理尺寸，准直传输时可以选择默认值（传输网格自适应决定），聚焦传输时需要用户自定义靶面尺寸。吸收边界选项用于对靶面边缘处的能量进行滤波，减小由快速傅里叶变换（FFT）引起的边缘处冗余。传方法可以选择 FFT 方法和直接积分法，直接积分法需要设置积分计算的网格维数，一般不大于 64，否则运算量过大造成运算缓慢。

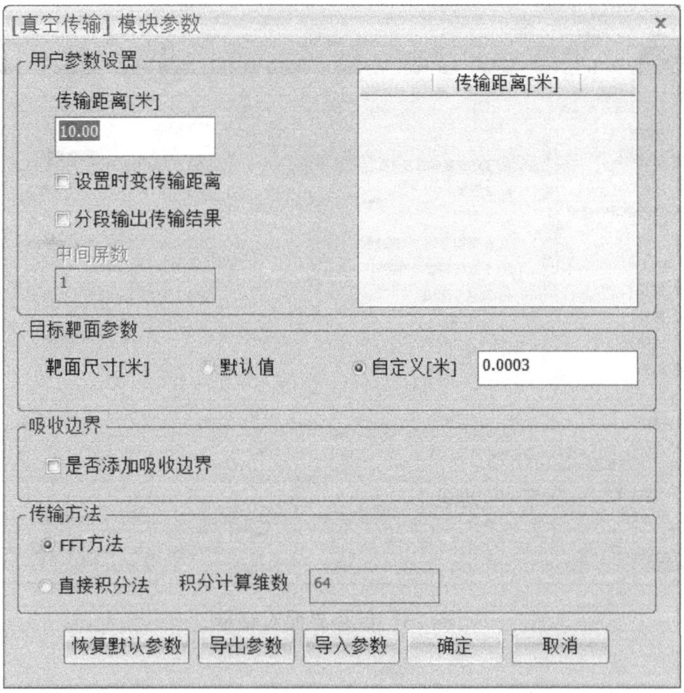

附图 21　真空传输元件参数设置界面

　　图像显示元件主要用于将模型元件输出端的数据进行可视化显示，图像显示元件参数设置界面如附图 22 所示，只需要输入显示窗口的标题名和每次显示的迭代次数间隔，迭代次数间隔为 1 时表示每次仿真迭代计算的结果都要显示。

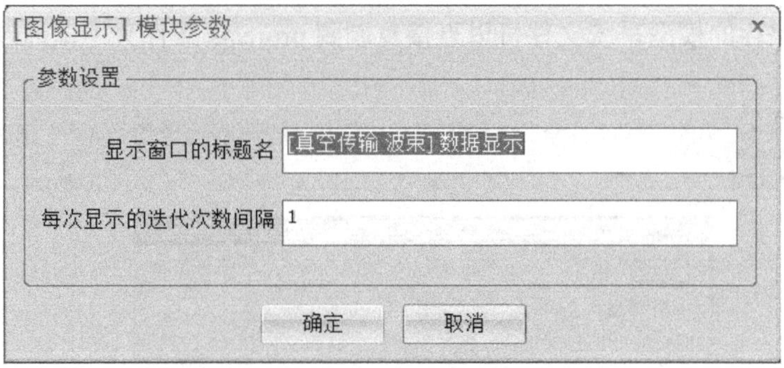

附图 22　图像显示元件参数设置界面

　　各模块的参数设置既要符合物理含义，又要满足各模块的前后一致，同时软件会为不符合要求的参数给出提示，设置完成后单击"确定"按钮完成参数设定。此外，在主系统界面中单击"基础元件"也可以从属性窗口中看到各个参数信息。

　　4) 仿真系统保存

　　在完成所有模型元件间的连线后，确定无误后通过单击主界面的"保存"按钮 ⊞，弹出保存对话框，选择要保存的地址和文件名，单击"保存"按钮即可保存所搭建的子系统，如附图 23 所示。

附图 23　保存界面对话框

3. 打开已有子系统

也可通过打开之前存储的仿真系统文件来运行，选择菜单"文件"→"打开"选项或单击工具栏按钮☞打开已有子系统文件，默认路径为软件根目录下的 projects 文件夹，选择"3 衍射"文件夹下的"3E2_7 路相干合束.ssproj"文件，单击界面底部"打开"按钮即可，如附图 24 所示。

之前已经保存的模型系统文件可以直接复制到 projects 文件夹中，通过打开已有子系统文件运行。

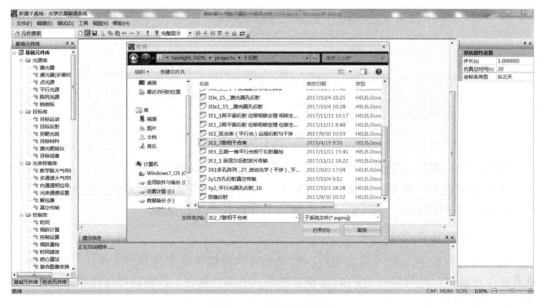

附图 24　系统打开界面

五、子系统的运行与数据后处理

在完成所有模型元件的参数设置后，需要在界面右侧的属性窗口中，设置子系统的仿真步长和总时间。选择菜单"调试"→"执行"选项或单击命令栏按钮！，开始执行子系统的仿真的仿真程序，如果子系统连接和参数设置均没有问题，则出现如附图 11 所示的计算资源选择对话框，如果程序出错则有相应的报错提示框弹出，提醒用户去仿真子系统进行相应的调整，同时界面底端的提示信息栏也会有相应的信息提示。

系统执行后进入仿真运行界面，如附图 25 所示，界面下方显示仿真就绪，菜单栏中可以选择开始、暂停、步进按钮完成对仿真的控制。单击显示全部结果图标圆，如附图 26 所示，将对所有显示模块得到的数据进行显示，每个显示窗口中的图像为该显示模块连接的模块计算后输出的数据，显示的内容包括振幅、光强、相位等，此时仿真还没有运行，只有激光器元件的输出显示有激光器初始化的数据显示，激光合束器输出显示和真空传输输出显示均因为没有仿真计算而为初始化的数据 0。

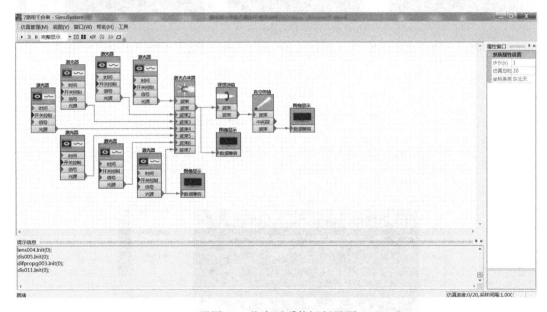

附图 25　仿真子系统运行界面

单击"运行"按钮 ☰，在整个仿真子系统完成一次仿真运算后，每个显示窗口显示本次仿真计算完成后元件输出端给出的计算结果。当所有仿真迭代完成后，显示界面还可以对每次仿真结果进行查询或回放，每次迭代的结果还可以按数据、图像或动画的格式进行存储。附图 27 为相干合束后聚焦真空传输到靶面的光斑图，可以直观地观察到 7 路高斯光束相干合束传输到远场的相干图。图像显示界面的工具栏提供了丰富的数据显示和后处理功能键：显示内容选项可以提供选择显示光强、振幅、相位等数据；层数表示如果真空传输选择了分段传输，还可以选择不同传输层的计算结果；迭代次数提供用户选择显示所关注的某次仿真的计算结果；回放按钮⃞回放⃞则对所有仿真迭代的结果按照时间序列进行播放；标注按钮⃞✛⃞提供选择对图像数据的中心或质心进行标注；统计按钮⃞▲⃞提供计算图像数据的统计值；标注数据按钮⃞⃞提供对图像上任一点的数据值读取显示；存储按钮⃞💾⃞提供对元件输出数据的保存显示数据、保存原始数据、保存统计数据、保存所有帧数据和保存图片、导出动画等多种方式。附图 28 为工具栏选择标注中心和统计值按钮后的显示结果，可以看到在显示窗口底端有对整个图像的统计值。

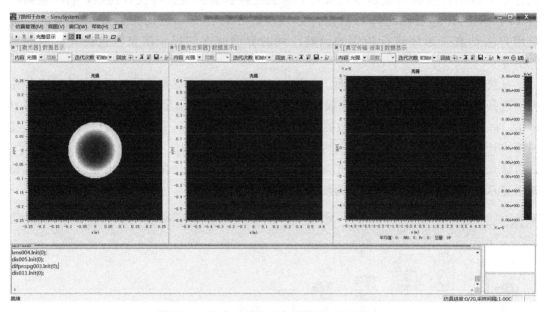

附图 26　仿真子系统所有图像显示界面打开

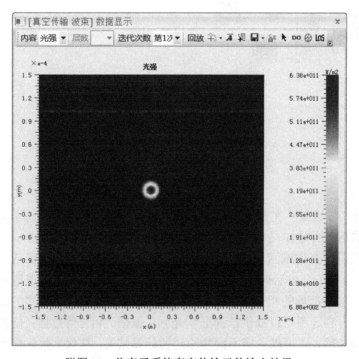

附图 27　仿真子系统真空传输元件输出结果

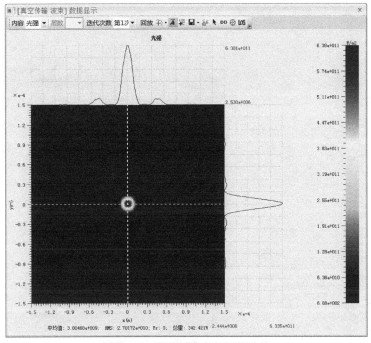

附图 28　显示图像中心和统计值